U0348327

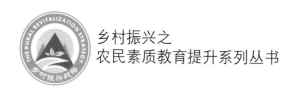

乡村振兴之
农民素质教育提升系列丛书

柚 高效栽培技术与病虫害防治图谱

◎ 林绍生　刘冬峰　主编

中国农业科学技术出版社

图书在版编目（CIP）数据

柚高效栽培技术与病虫害防治图谱 / 林绍生，刘冬峰主编. —北京：中国农业科学技术出版社，2020. 8

（乡村振兴之农民素质教育提升系列丛书）

ISBN 978-7-5116-4869-3

Ⅰ. ①柚… Ⅱ. ①林… ②刘… Ⅲ. ①柚—果树园艺—图谱 ②柚—病虫害防治—图谱 Ⅳ. ①S666.3-64 ②S436.669-64

中国版本图书馆 CIP 数据核字（2020）第 125473 号

责任编辑　徐　毅
责任校对　马广洋

出 版 者　中国农业科学技术出版社
　　　　　北京市中关村南大街12号　　邮编：100081
电　　话　（010）82106636（编辑室）（010）82109702（发行部）
　　　　　（010）82109709（读者服务部）
传　　真　（010）82106631
网　　址　http: // www.castp.cn
经 销 者　全国各地新华书店
印 刷 者　北京建宏印刷有限公司
开　　本　880mm×1 230mm　1/32
印　　张　3.625
字　　数　100千字
版　　次　2020年8月第1版　2020年8月第1次印刷
定　　价　30.00元

PREFACE 前 言

　　柚又名抛、文旦，是芸香科柑橘属3个基本种之一，在我国已有3 000多年的栽培历史。柚果形硕大、耐贮运，有天然罐头之美称，其果实甘甜清香，风味独特，维生素C含量居柑橘之冠，因而深受人们喜爱。我国柚类栽培面积和产量均居世界前列，特别在福建、广东、广西、浙江、湖南、湖北、四川、云南等省区广为栽培。柚类产业的发展，对于我国南方农村经济社会发展，助力乡村振兴，都发挥了重要作用。

　　为进一步推动柚类产业健康发展，帮助广大柚产业从业人员正确识别、科学防控病虫害，提高安全优质高效栽培技术水平，特编写本书。其内容包括柚苗木繁育、建园种植、整形修剪、土肥水管理、花果管理、冬季清园、采收贮藏等生产环节的技术要点和柚生产中常见的主要病虫害和营养失调症的发生规律及防治技术。该书力求科学、简明、实用、易操作，可供柚种植者和基层技术推广人员使用。

　　本书是编者多年柚类研究成果与推广应用实践的总结，此外，还参阅借鉴了前人研究成果、著作和资料，在此一并致以衷心的感谢！由于编者能力有限，书中难免存在错漏之处，恳请广大读者多加批评，惠予指正。

编者
2020年6月

CONTENTS **目 录**

第一章
柚优质高效生产技术

第一节　苗木繁育

苗木质量是关系柚产业发展的物质基础，直接影响产量和品质。因此，培育品种纯正、砧木适宜、生长健壮的良种苗木是实现柚高效安全生产栽培的先决条件。

一、苗圃地选择

选择生态环境良好、远离污染源、附近有水源，背风向阳、土层深厚、排水良好的平地或坡度10°以下的山地丘陵建立苗圃。苗圃地要远离老柑橘园，尤其是要离开带有国家检疫性病虫害的果园3 000m以上，并建立防虫网室，以减少危险性病虫侵害。气候条件要求年平均温度为16～20℃，冬季绝对最低温度≥-3℃，1月平均气温≥4℃，≥10℃的年有效积温为5 000℃以上。土壤类型最好为壤土或沙质壤土，土质疏松，有机质含量在1.5%以上，耕作层深度30cm以上，pH值5.5～7.0。贫瘠的旱地、沙地和低洼、黏重的土地不宜用作苗圃。已育苗2~3年的圃地，必须经过1~2年的轮作，方可继续育苗。

二、苗圃整地

苗圃应包括采穗圃和繁育圃，比例约为1∶30，也可用品种纯正的生产园做采穗圃。播种前1个月进行土壤翻耕，深翻30cm，每公顷均匀施入腐熟有机基肥45t。最好按南北方向整地做畦，播种园畦宽80~120cm、高20~25cm，嫁接园畦宽60~80cm，高20~30cm。畦的围沟深、宽各30cm。做成畦后，畦面要耙平耙细。

三、砧木苗繁殖

1. 种子处理

选择酸柚或枳作为砧木，砧木母本树要求品种纯正、生长健壮且无病虫为害。10月下旬到11月果实充分成熟时采收果实，采种不应过早，过早采收的种子发育不充实，生活力较差，砧木苗长势较弱。果实采收后剥取饱满种子，用草木灰轻轻揉搓种子去除果胶等杂质，再用清水将种子上附着的杂质漂洗干净，于通风处晾干至种皮微白后用3~4倍种子量的干净河沙进行沙藏，河沙湿度以手握能成团，放手即散开为宜，河沙湿度太大容易导致种子腐烂。沙藏期间应保持河沙呈湿润状态，不能过干或过湿。需长途运输的种子，可与河沙或谷壳混合，并用木箱、麻袋等装运。播种前进行消毒，先用50℃温水预热浸种5分钟，再用55℃温水热处理1小时，或用1%的高锰酸钾溶液消毒浸泡30分钟，消毒后的种子即可播种。

2. 播种与管理

砧木种子播种可分春播和秋播。春播在2月至3月上旬进行，秋播在10月上旬到11月上旬进行。播种方式可采用条播或撒播，种子播种后轻压，然后均匀撒上焦泥灰或细沙，以盖住种子为度，再用塑料薄膜覆盖。播种量以酸柚55kg/亩、枳50kg/亩为宜。出苗八成后及时除去覆盖物，根据天气情况适时喷施稀薄肥水以保持畦面湿润，保证幼苗正常生长，不能大水漫灌，以防表层土壤板结，影响幼苗出土。当幼苗长至10cm左右时可进行移栽。移栽前2～3天浇1遍透水，移栽尽量选择无风阴天进行，起苗后如果主根过长，应剪去1/3左右的主根，以促进侧根生长，移植后及时浇水，株行距20cm×25cm，每亩移栽10 000株左右。移栽成活后每月施肥1～2次，薄肥勤施（0.2%～0.3%的尿素或复合肥），8月中旬后停止施肥。主干12cm以下的萌芽应及时抹去，砧木苗主干直径达到0.7cm左右时即可用于嫁接。

四、嫁接苗培育

1.接穗采集及短时贮藏

从经鉴定的优良单株（系）无病毒母树上及其无性繁殖的采穗圃采集接穗。选择树冠外围中上部生长充实、芽体饱满、充分老熟木质化、无病虫的健壮春梢、秋梢作为接穗，细弱枝条不能选作接穗，每条接穗至少有3个以上有效芽。接穗最好随采随接，采集后应立即剪去叶片（保留部分叶柄）和顶端生长不充实的枝梢，以减少水分蒸发，或短时贮藏于湿润的沙或苔藓中，也可用保鲜膜和湿布包裹，放在阴凉环境中。

2.嫁接与管理

嫁接宜在无风、无雨天气进行。9月至10月上旬进行芽腹接，翌年春季检查成活情况，3月中下旬春季萌芽前从嫁接口上方剪去砧木，剪砧时应使剪口向接芽背面稍微倾斜，并剪除薄膜。3月至4月上旬进行枝切接，嫁接后1个月内检查成活情况，待新梢长至

25cm左右时解除薄膜，过早或过迟破膜均不利于新梢生长，过早破膜幼嫩新梢易折断，过迟会导致薄膜嵌入砧穗皮层内，影响砧穗增粗生长。

对嫁接苗要加强肥水、定干、抹芽和病虫害防治等管理。春梢老熟后，在15cm左右处进行摘心，以促发夏梢。夏梢抽发后保留1条健壮枝梢，其余抹除，夏梢老熟后，保留20cm左右进行剪梢，促发分枝。新梢抽发至8月中旬，每月需施肥1~2次，每次施0.2%~0.3%尿素，每亩尿素用量2~3kg，8月下旬停止施肥，11月下旬再施1次；在苗高40cm时进行摘心定干，使苗高20~30cm区域内有均匀分布的3个分枝，将20cm以下的芽全部抹除；控制晚秋梢抽发；及时防治立枯病、溃疡病、炭疽病、红蜘蛛、蚜虫、潜叶蛾和凤蝶等病虫害。

五、苗木出圃

1. 苗木检疫、检验

苗木出圃外运前要通过检疫机关检疫，签发检疫证，对带有检疫对象的苗木要严禁出圃外运。对检疫性病虫害，要严格把关，一经发现就地烧毁。

苗木质量检验包括测量苗木径粗、分枝数量、苗木高度、嫁接口高度、干高等。苗木径粗为嫁接口上方2cm处主干直径最大值，分枝数量为嫁接口上方20cm以上主干抽生的、长度在15cm以上的一级枝，苗木高度为自地面至苗木顶端的高度，嫁接口高度为地面至嫁接口中央的高度，干高为地面至第一个有效分枝的高度。一级嫁接苗标准为：枳砧苗木径粗达0.8cm，苗木高度达50cm，分枝数量达3条，根系发达；酸柚砧苗木径粗达1.0cm，苗木高度达60cm，分枝数量达3条，根系发达。

2. 起苗、存放、包装及运输

容器苗可随时连同完整的原装容器一起调运。露地苗多在春季萌芽前或秋梢停长后挖苗出圃。起苗前1~2天浇透1次水，以利起苗就地移栽可带土团起苗和定植；如需远距离运输，需对枝叶和根系进行适度修剪，主根保留20cm左右，受伤的粗根也要进行修剪，以利于根系生长。用泥浆蘸根后再用稻草包捆，外用带孔塑料薄膜包裹并捆扎牢固。以20株一小捆，100株一大捆进行捆扎。起苗后的苗木应防止风吹、日晒、雨淋。存放期间，保持根部湿润。苗木贮存一般不得超过3天。

每捆苗木应挂有标签，标明砧木、生产单位、等级、数量、批号、出圃日期等。运输器具宜安置通气筒或搭架分层。装车后及时启运，并采取防风、防晒、防雨淋措施。到达目的地后，应尽快定植或假植。

六、容器育苗

容器苗具有根系发达、定植不受季节限制、定植后无缓苗期、成活率高以及生长快等多种优点，但育苗成本和运输成本相对较高。容器选择和基质配比是容器育苗的重要内容。柚容器育苗可选择塑料营养钵或无纺布袋，综合考虑育苗成本和苗木质量，柚容器育苗的容器规格可选择口径12cm、高30cm的塑料营养钵或无纺布育苗袋。配置育苗基质时按照来源广、成本低、保湿透气的原则，选用草炭、锯木屑、谷壳或椰壳等基质，与珍珠岩、黄泥土、腐熟有机肥和无机复合肥按比例混合配制营养土。

容器苗管理时，要及时剪砧、抹芽、摘心，以促进接穗成活和侧枝抽发，快速形成结果骨架。肥水管理方面，按照"薄肥勤施"原则，春、夏季节可每月施用速效氮肥促进嫁接苗生长，秋季应停止施肥避免抽生晚秋梢，管理过程中还要及时喷药防治立枯病、根腐病和潜叶蛾等病虫害。柚容器苗定植后当年可抽生3~4次新梢，能够快速形成结果树冠，投产收益较快。

第二节　建　园

一、园地选择及规划

1. 园地选择

选择地下水位1.2m以上、排水良好、阳光充足的环境建园，避免在谷底、盆地或山坡底部等冷空气集结的地方建园。柚果园的立地环境条件应符合年平均气温为16~20℃，冬季极端低温度≥-3℃，1月平均温度≥4℃，≥10℃的年有效积温为5 000℃以上，土壤质地良好，疏松肥沃，有机质含量宜在1.5%以上，土层深厚，活土层在60cm以上等条件。

平地建园宜选择不受水淹，便于排灌，含盐量0.2%以下（以氯离子计）的土地。平地建园时规划、管理、运输方便，但应保证良好的排灌条件。缓坡地建园具有光照充足、排水良好等优点，但丘陵坡地宜选择背风向阳、海拔300m以下、坡度25°以下的缓坡地。

2. 园地规划

园地规划主要包括道路、排灌系统等基础设施和品种配置。大果园要分区进行细致规划。平地每小区1.5~2hm²，可采用深浅沟相间形式，即每两畦之间开一深沟蓄排水，一浅沟为工作行。地下水位较高时应在畦上筑墩种植，根据地下水位高度确定筑墩的高度，保证根系活动的土壤层至少有60~80cm，墩面宽80~100cm。园地四周还要开排水沟，保证排水通畅。大果园大路连接交通干道，宽6m；支路宽4~5m；小路宽2~3m。大果园设总渠（河道）宽10m左右，支渠通向河道，深1.2m，宽1.5m，在通向河道处设排灌控制闸。各小区周围设围沟，深1.2m，宽1.5m。大小沟渠、河道相通。

丘陵坡地建园，要按照等高线建造梯田，梯地水平走向比降0.3%~0.5%，梯面宽4.5m左右，外筑埂内修沟，边埂宽30cm左右，高10~15cm，梯田内沿开背沟蓄水与排水，背沟宽30cm，深20~30cm。对于坡度较大或地形复杂的山坡地，可以挖鱼鳞坑种植，但后期管理不便。1~1.5hm²果园构成1个小区，内修筑小型蓄水池。大型果园干道从山下环山而上，以干道为区界，小区设置支路，宽2~3m。果园上部挖避水沟，干道和主道两侧设总排水沟，排水沟内深外浅。有条件的大果园可设置单轨运输车，以最短距离将产品运到公路。

3.设置防护林

防护林对于改善柚园生态条件具有重要作用，果园规划时要重视防护林建设。防护林不仅可有效减轻台风、日灼、低温等自然灾害对柚生产的危害，还能有效减少溃疡病、黄龙病的感染传播。防护林应根据果园立地条件进行营造，一般设主林带和副林带。主林带设置方向应与主要风害方向垂直或大于45°角，林带间距300~500m。副林带与主林带垂直，用于防御其他方向的风。主林带设4~6行，株行距1m×1.5m，选用杉木、水杉等树种。副林带设1~2行，株行距0.5m×0.5m，选用法国冬青、女贞等树种。

二、定植

1.选择优质苗木与配置异花授粉树

选用品种纯正，地上部枝条生长健壮、充实，叶片有光泽，根系发达，无检疫性病虫害和其他病虫害为害的优质苗木。自花授粉结实率低或易裂果品种宜配置授粉树，早香柚授粉树品种可选酸柚、玉环柚、古磻柚，麻步文旦授粉树品种可选酸柚、早香柚、玉环柚、古磻柚、琯溪蜜柚，异花授粉树与目标树配置比例为1：6。

2. 栽植沟、穴、墩准备

山地、旱地栽植前宜挖壕沟或大穴改土，壕沟宽1.0～1.5m，深0.8～1.0m，或大穴直径1.0～1.5m，深0.8～1.0m。平原水田需筑墩栽植，墩高1.0m，墩直径1.5m，再挖穴改土，并挖深排水沟将地下水位降到1m以下。每立方米沟或穴填入农家肥、土杂肥等50kg，与土壤混匀或分层回填。磷、镁、钙等矿物养分缺乏的土壤，在回填时加入适量相应的矿物肥料。pH值低于5.5的土壤，回填时加入适量石灰；pH值高于7.0的土壤，回填时可加入适量硫黄粉。沟、穴回填土4～6个月沉实以后再栽植。

3. 栽植技术

裸根苗一般在2月底到3月春梢萌芽前或在9月底到10月秋梢老熟后进行栽植。一般情况下，秋季种植比春季种植好，翌年春季苗木长势较为整齐，但在秋旱时应注意浇水。容器苗栽植不受季节限制，全年可栽植。栽植时间最好选在无风阴天或下雨前1天进行，栽植时适当剪去部分枝叶以提高成活率。

栽植密度要根据立地条件和管理水平确定，株行距4m×4m或4m×4.5m为宜，丘陵坡地可适当密植，平原地适当稀植，每亩栽植永久树22～42株，机械化管理的果园可适当增加行间距。

栽植时，先在定植穴底部放0.5kg钙镁磷肥，然后将苗木放入定植穴中央，舒展根系，扶正，边填土边轻轻向上提苗、踏紧实，使根系与土壤紧密接触。容器苗栽植时，先从容器中带土取出苗木，用手抹去外层土壤，露出部分根系，再放入定植穴中央、培土、扶正、踏紧。要求苗木嫁接口背风，根茎露出地面

5~10cm，使土沉实后根茎与地面相平或略高于地面，浇透定根水，后再覆盖一层松土保湿。

定植后保持土壤湿润，天晴风大，应勤浇水，根部浇透或用稻草覆盖。风力较大的山地、海涂，还要立防风杆，以防风吹摇动，影响成活。如遇大风，柚苗出现卷叶时，应及时疏去部分枝叶，保证树体水分平衡，提高成活率。栽后10~15天检查苗木成活情况，发现死苗应及时补种。定植后20天左右成活的植株开始生发新根，此时可浇施0.2%~0.3%的尿素或复合肥以促进根系生长。

第三节　整形修剪

柚一般采用自然圆头形树形，定干高30~40cm，选留中央干，配置3~4个主枝，主枝间距30~40cm，分枝角45°左右。主枝间分布均匀有层次，各主枝上配置3~4个副主枝，分枝角度40°左右。树高控制在3m以下，培养成树冠紧凑、枝梢开张、枝叶茂盛的树形。

一、主要修剪方法

1.短截

剪去1~2年生枝条先端一部分的修剪方法称为短截，按轻重程度分为轻度短截（剪去枝条先端1/3左右）、中度短截（剪去枝条1/2左右）和重度短截（剪去枝条2/3以上）。枝条短截后能够促进剪口以下的芽抽发枝条，促进分枝，利于树体营养生长。短截程度不同，新梢萌发量和生长势也不同。轻度短截后，抽发的新梢量较多，生长势较弱；中度短截后，留下的饱满芽成枝力高、生长势较强；重度短截后，成枝力弱，但抽发的枝条生长势较强。

2. 回缩

对多年生枝进行短截的方法称为回缩，主要是对大枝进行更新，大枝回缩后不仅能够改善树冠通风透光条件，还能促进剪口下的枝梢生长，利于树体更新复壮，并促进内膛结果、避免结果部位外移。生产上常用的"开天窗"即为回缩的修剪方法。但大枝回缩后产生的伤口较大，应注意伤口保护。

3. 疏枝

将枝条从基部剪除的修剪方法称为疏枝，主要用于疏除交叉枝、病虫枝、细弱枝、丛生枝、徒长枝等，能够改善树冠光照条件和养分供应状况，促进花芽分化和改善果实品质。

4. 摘心

新梢停止生长前摘除先端幼嫩部分称为摘心。幼树整形时要及时摘心，可抑制枝梢徒长、促进枝梢老熟和侧枝抽发，加速结果树冠形成，结果树枝梢生长较旺时及时摘心可促进坐果和花芽分化。摘心处理能够降低分枝高度，培养矮化紧凑的树形。

5. 抹芽放梢

将不符合生长结果需要的嫩芽抹除，称为抹芽。经过反复抹芽后，待全园70%以上的树萌芽时停止抹芽，使大多数芽同时萌发抽生，称为放梢。

二、修剪时期

1. 休眠期修剪

柚整形修剪主要集中在采果后至翌年春季萌芽前进行，一般在早春温度回升后进行，也称春季修剪。春季萌芽前树体生理活动较弱，处于相对休眠期，此时进行修剪，树体养分损失较少，可促使春梢抽发健壮、花芽发育充实，起到恢复树势、提高坐果率的作用。

2.生长期修剪

春季萌芽期至开花期进行花前复剪，及时疏剪丛生枝和树冠上部的直立枝，现蕾较多的树要疏剪部分花枝和长势较弱的结果枝，以减少养分消耗提高坐果率。春梢抽发后到采果前还可进行疏剪花枝、抹芽控梢、摘心、疏剪徒长枝等辅助修剪。夏季修剪时，幼树在夏梢20cm左右时进行摘心，促发新梢培养骨干枝；成年结果树要及时抹芽控梢，避免夏梢旺长与幼果争夺养分，减轻生理落果。秋季统一放梢，促发健壮早秋梢，培养为秋梢结果母枝，保证第二年的果实产量。总之，生长期修剪的主要目的是调节树体营养生长和生殖生长的关系，起到保花保果、提高坐果率和优质果率的作用。

三、柚树整形修剪

根据树龄、树势和生长结果习性选用合适的修剪方法。幼树以配备合理的骨干枝，培养结果树形为主；成年树修剪主要是改善树体通风透光条件，调节营养生长和生殖生长的关系，培养丰产、稳产的结果树形，实现立体结果；衰弱树以树体更新复壮为主，可适当重剪促发新梢。

1.幼树整形

定植1～3年的幼树，生长势很强，每年抽发大量枝梢，树冠不断扩大，骨干枝生长旺盛，树冠内密生枝和外围丛生枝越来越多，如果不进行适当的修剪，就难以形成理想的结果树形。幼树以整形为主，目的是培养早产丰产的结果树形，修剪方法以短截、抹梢、摘心为主，以促进抽壮梢、扩大树冠。通过2～3年的幼树整形管理，逐渐配备一定数量、长度和合适位置的主枝、副主枝等骨干枝，形成树体结构牢固、层次分明的结果树冠，实现早产、丰产、稳产的栽培目的。

春季修剪时按照"三去一、五去二"的方法疏去主枝、副主枝和侧枝上的密生枝；疏删树冠内的重叠枝、交叉枝和衰弱枝。夏季修剪时抹除零星抽发的嫩梢，当70%以上的单株萌芽时停止抹芽，进行放梢，放1~2次梢，促发整齐的夏、秋梢，加快树冠形成。当枝梢长至20~25cm时及时摘心或短截，促进枝梢老熟，促发新枝，增加分枝级数，以利于提早形成结果树冠。枝梢短截时通过剪口芽的选留方向，可调节延长枝方向；还可用弯枝、拉枝等方法辅助幼树整形，即用绳索牵引拉枝、石块等重物吊枝的方法改变大枝生长方向，形成较好的分枝角度。

幼树应以营养生长为主，促使抽发整齐的春、夏、秋梢，提早形成结果骨架。过早开花结果不利于枝梢生长，因此，1~2年生幼树现蕾后应摘除花蕾，树势强壮的3年生树，可在树冠内部和中下部保留部分花蕾，少量挂果。

2. 初结果树修剪

初结果树既要以继续扩大树冠为目的，也要形成适当的产量，可轻度或中度短截主、侧枝，促进骨干枝分枝、延长，保持较强的生长势，不断扩大树冠。同时，培育树冠内膛和中下部的辅养枝作为结果枝组，既能形成一定的产量，又能减少结果对骨干枝延长、增粗的影响，待树冠培养成形后，可回缩或疏除辅养枝，将结果部位转移到主侧枝上。初结果树务必以轻剪为主，修剪量不能太大，防止重剪后营养生长过旺，加重梢果矛盾，造成生理落果。

3. 盛果期树的修剪

进入稳定结果期后，修剪的目的是既要维持丰产稳产树形，又要延长结果年限。随着挂果量不断增加，树势逐渐转弱，较少抽生夏、秋梢，结果母枝以春梢为主，营养生长和生殖生长处于相对平衡状态。但大量结果后枝组逐渐衰弱，容易出现大小年结果现象。因此，成年结果树应及时更新枝组和小枝，培育结果母枝，保持营养枝和结果母枝的平衡，延长盛果期年限。

处于盛果期的柚树，应主要根据树形、树势及枝梢状况选用合适的修剪方法。对于树冠郁闭、生长旺盛的树，休眠期修剪时可利用其多年生枝干能抽梢结果的特性，采取"开天窗"的修剪方法改善树冠光照条件，具体作法是对树冠外围中上部位大枝进行适当疏枝，可疏去树冠中间或左右两侧1~2个大侧枝，并培养树冠内部结果枝组，提高树冠各部位结果能力，实现立体结果。大枝修剪后再进行精细修剪，对树冠外围强壮的枝梢以及内膛衰弱的枝梢进行不同程度的短截，达到促使分枝或强壮枝梢的目的，并培养成结果枝组，形成树体上下里外立体结果树冠；疏除树冠顶部直立生长的徒长枝以及树冠中长势较旺的枝梢，丛生枝按照"三去一、五去二"的原则进行疏枝。对长势较为旺盛的结果树，生长期的修剪工作主要是摘心、抹梢和弯枝。如果树体营养生长较旺，春梢到5月还没有自剪停止生长，就会与开花坐果争夺养分加重生理落果。因此，长势较为旺盛的结果树春梢长到20cm左右时应及时摘心以促发分枝、形成结果枝组；夏季还要及时抹除夏梢以缓和梢、果矛盾，防止夏梢大量萌发导致落果，提高坐果率；秋季花芽分化时，还要对长壮枝梢进行扭枝处理，控制枝梢旺长，促进花芽分化，扭枝的具体作法是在枝梢长到30cm左右尚未木质化时，从基部5~10cm处扭转180°使其下垂，促进花芽分化。

长势中庸的结果树营养生长和生殖生长较为平衡，徒长枝和衰弱枝均较少，修剪量较小。休眠期修剪时主要是适当短截树冠上部枝条以促发枝梢，并对多年结果的下垂结果枝组及时回缩更新，在健壮部位剪去下垂衰弱部分，促发枝梢培养为新的结果枝组，最后疏除枯枝、交叉枝、细弱枝和病虫枝。生长期修剪主要是在春梢抽发后抹除丛生枝，疏除交叉枝改善树体光照条件，当夏梢长到20cm左右时进行摘心以促发健壮秋梢，培养为翌年的结果母枝。

4. 衰弱树的修剪

树势衰退的结果树以恢复树势为目的，要适度重剪。根据树冠衰老程度可采用枝组更新、露骨更新和主枝更新的方法。对树体部分枝组衰弱但仍具有结果枝组的衰弱树，采用枝组更新的修剪方法，剪除衰弱的侧枝和副主枝，保留强壮枝组和中庸枝组结果，在2～3年有计划地进行树冠更新；对很少结果的衰弱树，可回缩全部侧枝和副主枝，只保留骨干枝基部，进行露骨更新；对树势严重衰退的老树，可在距主枝基部100cm左右处锯断主枝，使其重新抽生新梢。以上3种树冠更新修剪的时间最好在春季气温回暖、雨水充沛、树体生理活动增强时进行，以促进抽发壮实的春、夏梢，加快树势恢复，并且在更新修剪前一年秋季深翻改土、增施有机肥，在根系更新的基础上进行树冠更新。

衰弱树更新重剪后要加强管理，对萌发的大量新梢及时进行抹梢、摘心处理，促进枝梢生长，将其培育成结果骨架。另外，衰弱树重剪后还要注意保护枝干和伤口，通过树干涂白和涂抹伤口保护剂减少日灼和树脂病的发生。

第四节　土肥水管理

土壤、肥料和水分是保证果树生长发育的基本条件，土肥水管理是实现优质高产的基本保证。深翻改土、增施有机肥和抗旱排涝等管理措施能够改善土壤结构、养分状况，为柚良好生长结果创造条件。

一、土壤管理

1. 深翻改土

为促进柚树根系生长，成龄柚树要在秋冬季结合施基肥进行土壤深翻改土。在树冠滴水线的株、行间开挖环沟，沟深60cm、宽40cm，分层压入青草、绿肥或栏肥、饼肥、磷肥等，同时，根据pH值加用适量石灰或硫黄粉，把表土放在下层，新土放在上层，每层厚度15～20cm，以改良土壤，促进柚树根系生长。

2. 果园生草

果园生草栽培不仅可以减少雨水冲刷造成的水土和肥料流失，还能提高土壤有机质含量和土壤肥力，改善土壤团粒结构，尤其对较为黏重的土壤和贫瘠的沙性土，生草栽培后土壤改良效果较为明显。生草栽培还能促进果园生态平衡，为捕食类瓢虫、草蛉、食蚜蝇和蜘蛛等捕食性天敌和寄生蜂等寄生性天敌提供良好的生存条件，减少病虫害发生和农药使用量。果园生草还可减缓地表温度变化，有利于根系生长，尤其在高温干旱季节，生草栽培能够明显提高树体抗旱能力。

生草栽培对草种选择有一定的要求，最好选用是矮秆或匍匐生长、耐阴、适应性强、需水量少、无共同病虫害、能引诱天敌、生育期短的草种，适宜的草种有黑麦草、百喜草、藿香蓟、白三叶和紫花苜蓿等。生草时间可分春播和秋播，播种量视草种而定，播种前可喷施除草剂清除园内杂草，防止恶性杂草的干扰。

果园播种生草后要控制草的长势，适时进行刈割，一般在7月雨季过后高温伏旱前和果实成熟前1～2个月进行刈割，以缓解生草与柚树争夺肥水的矛盾，减轻生草对果实膨大和成熟期的影响。刈割时留茬高度视不同草种而定，留茬太低导致其丧失再生能力。生草果园应适当增加氮肥使用量，生草4~5年后，可结合秋季施肥进行翻压，生草翻耕后有机物迅速分解，土壤中速效氮大量增加，应适当减少或停止施用氮肥，清耕1~2年后重新播种。

3. 果园覆盖

果园覆盖是指在树盘或行间地表覆盖秸秆、绿肥、杂草等有机物以及覆盖反光膜、防水布和防草布等地膜。覆盖稻草等有机物可减少土壤水土流失、改善土壤理化性质，起到保水保肥、调节地表温度、抑制杂草生长等作用。按覆盖时间分为夏季覆盖和冬季覆盖，夏季覆盖应在7月上旬干旱来临前进行，起到抗旱、降低地表温度的作用；冬季覆盖在12月下旬霜冻来临前进行，起到越冬保温防寒的作用。果园覆盖前先疏松表土，后均匀铺上15~20cm厚的稻草等覆盖物，覆盖面积等于或大于树冠投影面积，有条件的可进行全园覆盖。覆盖物经2~3年后腐烂，深翻埋入土中，可增加土壤有机质含量，提高土壤肥力。

地膜覆盖虽然不能增加土壤养分，但在提高果实品质和生产效率等方面具有重要作用。秋季铺设反光膜不仅能改善树冠内的光照条件促进果实着色，还能使土壤保持适度干旱，有利于果实糖度增加，并能促进花芽分化；草荒期铺设防草布能够抑制杂草生长，减少大量的劳动用工。

二、合理施肥

合理施肥是保证树体生长发育和果实优质丰产的重要条件。合理施肥就是根据树体营养诊断和土壤肥力，选择合适的肥料，在恰当的施肥时期，利用合适的施肥方法进行精准施肥。

1. 肥料种类

常用肥料分为有机肥和无机肥。有机肥包括人粪尿、厩肥、饼肥、作物秸秆和绿肥等；无机肥即为化肥，包括氮肥、钾肥、磷肥、微量元素肥、复合肥等。有机肥含有丰富的有机物质，肥效长，主要用作基肥；无机肥养分含量高、肥效快，但养分单一，长期单独使用易导致土壤板结。

2. 施肥时期

按施肥时期可分为基肥和追肥，追肥又分为促芽肥、稳果肥、壮果促梢肥和采果肥。基肥为全年的主要肥料，以迟效有机肥为主，一般在采果后冬季施入；追肥以速效无机肥为主。3月上旬追施促芽肥可以促进春梢枝叶生长；6月中下旬施用速效氮肥和磷、钾肥，能够减少生理落果、促进幼果膨大，为稳果肥；8月上旬果实开始膨大时适量追肥，既能促进果实膨大，又能促使秋梢老熟，有利于花芽分化，为壮果促梢肥；果实采收后及时施用采果肥，以速效氮肥为主、配合磷钾肥，以促进恢复树势。

3. 施肥方法

施肥方法主要分为土壤施肥和叶面追肥。柚树土壤施肥可采用环状沟施、放射状沟施、条沟施和土面撒施等方法。具体作法是在树冠滴水线处开挖环状沟或条沟，或沿主干向外挖放射状沟，沟深20～30cm，条沟施肥时要东西、南北对称轮换位置施肥。土面撒施的肥料以颗粒缓释肥为主，应在中小雨前或大雨后进行。速溶性化肥应浅沟（穴）施，有微喷和滴灌设施的，可进行液体施肥。

根系是植物吸收养分的主要器官，因此，土壤施肥是最为重要的施肥方法，但叶片也具有一定的养分吸收功能，叶面施肥在柚生产中也广泛应用，尤其当柚树表现缺镁、缺硼等缺素症状时采用叶片喷施镁肥、硼肥的方法可有效缓解缺素症状。叶片施肥具有吸收快、操作简单等优点，还能避免养分在土壤中固定和流失，但叶面施肥时应注意使用浓度，尤其高温干旱时应按使用浓度范围的下限施用。常用叶面肥料的使用浓度为：尿素0.3%、磷酸二氢钾0.2%～0.3%、过磷酸钙浸出液0.3%～0.5%。果实采收前30天内停止叶面追肥。

4.施肥量

施肥量应根据树龄、树势、结果量和土壤肥力综合考虑，理论施肥量可按各器官对营养元素的吸收量减去土壤中原有的营养元素含量，再除以肥料利用率来计算，但具体实行起来较为困难，生产中多根据实践经验进行施肥。

幼树应薄肥勤施，以氮肥为主，配合施用磷、钾肥。栽植当年，成活后至8月中旬，每月施1次10%腐熟人粪尿或0.6%尿素溶液，8月下旬至10月上旬停止施肥，11月中旬施越冬肥。第二年至第三年，每次新梢抽生前施1次速效肥，每株施用量为尿素0.1kg或稀人粪尿10kg；顶芽自剪至新梢转绿前增加根外追肥；11月施越冬肥，株施栏肥20kg。

成年树采果后每株施农家有机肥100kg，复合肥1.5kg，或有机无机复混肥15～20kg。3月上旬春梢萌芽时施春肥，株施尿素0.5kg，过磷酸钙和硫酸钾各0.6kg。待新梢展叶时（4月上旬）开始根外追施含硼叶面肥2次，促进梢叶生长和花蕾发育，特别是增加叶绿素含量。6月中下旬幼果迅速生长期株施硫酸钾0.5kg、有机无机复混专用肥5kg，根外追施叶面肥2次。8月上旬（秋梢抽生前）结合灌溉施用有机无机专用肥5kg、尿素0.5kg、过磷酸钙和硫酸钾各0.8kg。

三、水分管理

柚果园土壤水分状况与树体生长发育、果实产量和品质有直接关系。水分充足时，树体营养生长旺盛，产量高、品质优。土壤缺水时，新梢生长缓慢或停止，严重时造成落果和减产。土壤水分过多，尤其是低洼地果园，雨季容易出现积水，导致根系缺氧受害，因此，加强土壤水分管理，是促进树体生长健壮和优质高产的重要措施。水分管理包括抗旱和排涝两个方面。

1. 抗旱

柚树生长季节，当自然降水无法满足其生长发育需要时，就应浇水抗旱。一般在夏秋干旱季节，尤其是7—9月，此时果实处于快速膨大期，需要均衡的水分供应，水分不足易导致落果，如果久旱降大雨，容易引发裂果。因此，7—9月高温干旱时应浇水抗旱。另外，春梢萌动期、开花期对水分需求也比较敏感，应注意抗旱；冬季寒潮来临前也应灌水。采前1个月不宜浇水，一是防止采前久旱浇水导致裂果；二是防止果实风味变淡；三是影响采后贮藏。

2. 排涝

平地或低洼地果园，雨季园内很容易积水，导致土壤水分过多、通气不良，根系生长受到抑制，出现烂根、树体生长受阻、树势衰弱现象。因此，雨季应及时排除园内积水，可在园内开排水沟排涝，并及时松土，保持土壤良好的通气条件，促使根系恢复良性生长。

四、水肥一体化

水肥一体化是借助压力系统将灌溉与施肥融为一体的农业新技术。有条件的果园可配备水肥一体化系统，利用管道将固体可溶肥料或液体肥料溶于水，同时，进行灌溉与施肥，适时适量地满足柚树对水分和养分的需求，实现水肥同步管理和高效利用。传统水肥一体化技术是通过滴灌、喷灌、微喷等装置将肥料随灌溉均匀施入柚园；现代化水肥一体化技术可自动实时采集柚生长环境参数和生长信息参数，构建柚树和环境信息的耦合模型，智能决策柚的水肥需求，通过配套施肥系统，实现水肥一体精准施入。水肥一体化技术不仅能够省水、省肥，提高肥料利用率，还能大幅减少果园管理用工。水肥一体化所使用的肥料应满足养分含量高、溶解度高、杂质少、不产生难溶性盐离子、不引起灌溉水pH值的剧烈变化以及对设备腐蚀性小等要求。利用水肥一体化肥料总浓度应控制在3%以下。

第五节　花果管理

花果管理主要指直接用于花和果实上的各项技术措施，包括促花技术、保花保果技术、疏花疏果技术等。花果管理是果实生产的重中之重，花果管理不当常导致营养生长过旺、不结果，落花落果严重以及果实品质差等后果，只有采取相应的花果管理技术才能实现高产稳产、优质高效的栽培目的。

一、促花

促花的根本是通过一定的技术手段调节树体营养生长和生殖生长之间的平衡，促进花芽分化。对于营养生长较为旺盛、只长树不开花或开花较少的树要进行促花。促花技术包括合理修剪、肥水管理和化学药剂等成花调控措施。

环割、拉枝、弯枝和扭梢均是行之有效的促花手段，通过损伤树体输导组织降低生长势促进花芽分化。树体营养状态是花芽形成的重要基础，花芽分化期使土壤适度干旱，并增施磷钾肥、减施氮肥，能够起到抑制树体营养生长、促进营养物质积累和花芽分化的目的。对生长较旺的树，10—12月喷施多效唑等化学药剂也能起到抑制营养生长、促进成花的作用。

在生产上，对生长过旺的柚树，要减施氮肥、增施磷钾肥；修剪可适当延迟，以大枝修剪为主；夏季抹芽摘心，抑制营养生长，促发壮实早秋梢；部分强枝可于9月环割1～2圈，过旺植株可在主干进行环割；秋冬季花芽分化期控制水分，使土壤保持适度干旱，促进花芽分化。对生长衰弱的柚树要及时施肥，冬季增施2次叶面肥；修剪适当提早，以重剪为主，促发健壮枝梢，提高树势，有利于花芽饱满充实。

二、疏花

对开花较多的衰弱树以及花量超过树体负载量的结果树，要及时疏除过量花蕾，减少营养消耗，促进梢叶生长和幼果发育。疏花宜在现蕾初期进行，有叶花序保留1～2朵；无叶花序视当年花量或留或疏，每花序保留1朵花，以人工疏花为主。

三、保果

落果是树体对生殖生长和营养生长的自我调节，对维持树势有重要作用，但落果过多直接影响经济产量，因此，保果是一项重要的花果管理内容。落果的影响因子较多，与树龄、树势、环境条件和栽培管理水平等均有关。通过加强栽培管理水平可有效减轻落果，提高果实产量，其中，效果较为显著的保果措施有控梢保果、环割保果、使用植物生长调剂保果以及加强肥水管理等。

春梢长至2～4cm时，按"三去一、五去二"的原则疏梢，适当多疏去树冠顶部及外部的营养枝，改善树体光照条件，内膛和下部的枝条留15～20cm摘心，抹除5月至7月上旬抽生的夏梢，避免与幼果争夺养分引起落果。总之，在第二次生理落果前，通过控制春梢和夏梢旺长以缓解梢果矛盾，提高坐果率。

环割也是非常有效的保果措施，从盛花期到第二次生理落果前都可进行环割。此外，还有加强肥水管理，叶面补施硼、钾、钙肥等微量元素，雨季及时清沟排涝，高温伏旱期用稻草等秸秆覆盖树盘，减少土壤水分蒸发和温度升高，谢花2/3时还可喷施BA和赤霉素进行保果。

四、疏果

6月中旬在第二次生理落果后，对结果过多的树进行疏果。疏去畸形果、伤果、病虫果、小果等，每个结果枝留1个果，亩产量控制在2 500～3 000kg，以达到稳产、优质目的。

五、人工辅助授粉

有些柚品种需要人工辅助授粉以矫治裂果、提高坐果率和果实品质。采集授粉树大蕾期花朵的花药，将花药平摊于白纸上，在28℃烘箱内烘烤过夜或阴干散粉，收集的花粉置于冰箱内保存备用，可采用毛笔点授、花粉液体喷授和电动授粉器干粉喷授等方式进行人工辅助授粉。

六、果实套袋

套袋是提高果实品质的重要措施之一，不仅能改善果实色泽和光洁度，还能防止果面划痕、病虫斑，减少农药残留。果实套袋在柚生产中广泛应用，除了用于改善果实色泽和果面光泽度外，主要还是为了减轻果实裂果率和日灼伤害等。柚果实套袋的适宜时期在7月中下旬（果实膨大期），套袋前应全面喷施1~2次杀菌剂和杀虫剂防治病虫害。喷药后要及时选择生长正常、健壮的果实进行套袋，如遇阴雨天气，果面湿润有水珠时不能套袋。套袋可选用透气性好的单层牛皮纸袋、白色木浆纸袋或无纺布袋。

第六节　采收贮藏

一、采收

果实采收是田间生产的最后环节，也是果实贮藏和商品化处理的最初环节，采收质量的好坏直接影响果实品质和经济效益，因此，应该认真做好采收工作，包括采收时期的确定、采收方式的选择以及采收果实的田间运输等。

开花物候期早晚和果实生育期积温高低均影响采摘期，应在果实成熟达固有风味时适时采收。如果采收过早，果实内部营养成分尚未完全转化形成，导致果实风味不足，直接影响后期销售和品牌建设；采收过晚的柚果实易枯水、不耐贮藏，而且挂果时间过长还不利于花芽分化，影响树势和翌年产量。一般供贮藏的果实在九成熟时采收，短期贮藏或直接上市的应待充分成熟时采收。果实采收应选晴天，降雨天、早晨露水未干或浓雾未散时不适宜采收，否则，易引起果实腐烂。

采收要用整枝剪剪平果蒂，不要用手直接揭蒂摘果，做到轻采轻放，尽量减少果实受伤。采收时按先冠外后冠内、先上层后下层的顺序进行。果实采摘后进行防腐保鲜处理、分级和包装。

二、贮藏

柚具有"天然罐头"之称，很耐贮藏，生产上也可直接堆放或薄膜包装后常温贮藏。有些品种果实采后容易枯水粒化，枯水果实外观与正常果实无明显区别，但内部汁胞异常膨大、少汁、变硬，食用品质严重下降。一般成熟度高的果实采后枯水粒化较严重，贮藏性能下降，因此，对容易枯水粒化的品种应适当提早采收，在果实尚未完全着色时即可采摘。

第七节　冬季清园

冬季清园是果树周年管理中的重要环节，柚生产中也应该引起足够重视。大多数病原菌、害虫在枯枝落叶、病虫落果、枝干缝隙、杂草和土壤中蛰伏越冬，清园可有效减少病虫越冬基数，降低翌年病虫害发生程度，减少农药使用量。每年12月下旬到翌年2月做好冬季清园工作，能够起到事半功倍的效果，对柚安全优质生产具有重要意义。

柚果实采收后，结合施肥进行全园或树盘深翻培土，深度20cm左右；修剪后及时将枯枝落叶、病虫落果和杂草等清出果园，集中烧毁或深埋。用生石灰0.5kg、硫黄粉0.1kg、水3～4kg、食盐20g左右的比例，调匀涂主干大枝；清园之后及时全面喷药，可喷布0.5%～0.7%等量式波尔多液、2～3波美度的石硫合剂或10～12倍液松脂合剂等药剂，每月1次，连喷2～3次，喷药时应细致全面，叶片正反面、树干和果园地面均应喷到药剂，以减少病虫越冬基数。

第二章
柚主要病害

第一节　主要细菌性病害

一、柑橘黄龙病

柑橘黄龙病是柚生产中毁灭性的细菌性病害，为重要的检疫性病害。在我国柑橘黄龙病主要分布在华南地区，由于气候变化，有向北蔓延的趋势，在江西省赣州、湖南省、云南省、贵州省、四川省和浙江省南部等地均有发生。与椪柑、焦柑、甜橘柚、瓯柑等易感柑橘黄龙病品种相比，柚类对柑橘黄龙病的耐性相对较强。

【症状】

发病初期，在绿色树冠中出现叶片褪绿的小枝，或少数新梢叶片均匀黄化，出现"插金花"现象，这种叶片在枝上存留时间短，极易脱落。随后，病梢下段枝条叶片和树冠其他部位的枝条叶片相继褪绿变黄或斑驳黄化。斑驳状黄化是进行黄龙病田间诊断的典型依据，有的叶脉附近，特别是主脉基部和侧脉顶端附近发生黄化，叶片呈现出不均匀的黄、绿相间的不对称斑块，斑块大小、形状和位置不一，主脉、侧脉两侧斑驳不对称；有的叶缘开始斑驳黄化，有的为缺素型黄化，也称"花叶"型，主脉、侧脉及其附近的叶肉保持绿色，脉间叶肉呈黄色，类似缺锌和缺锰状花叶，这种症状在中、后期病树或黄化枝条剪除后再抽生的新梢中常见。除叶肉黄化外，病树叶片比正常叶厚，有革质感，在有的叶片叶脉黄化或叶脉肿突，严重时木栓化并破裂。

除叶片黄化症状外，病树花早而多、小而畸形，易脱落，花瓣短小肥厚，颜色较黄。果实在发病初期症状表现不明显，随着病害加重，果实表现出"斜肩果"，果皮厚，果肉味酸汁少，风味异常。幼树常感染黄龙病后1～2年死亡，结果树在2～3年蔓延至全株，很快丧失结果能力，直至死亡（图2-1至图2-4）。

图2-1　叶脉间不对称斑驳黄化　　　　图2-2　主脉基部斑驳黄化

图2-3　叶缘开始斑驳黄化　　　　图2-4　叶脉黄化及肿突

【发生规律】

病原为薄壁菌门韧皮部杆菌属（*Candidatus liberibacter*），革兰氏阴性细菌，是一种限于韧皮部的需复杂营养的细菌微生物。根据热敏感性、虫媒和地理分布分为亚洲种、非洲种和美洲种。病原菌人工难以培养，可通过接穗和苗木调运进行远距离传播，在田间为柑橘木虱传播，不通过汁液摩擦和土壤传染。柑橘木虱在病树新芽上吸取汁液后，转移到健康树上为害时，即行传病。树势健壮、栽培管理良好的果园发病较轻，失管果园易发病。

【防治方法】

（1）严格实行检疫制度。使用严格检疫的无病苗木，严禁将病区的接穗和苗木引入新区和无病区。

（2）培育无病苗木。苗圃建立在无病区或隔离条件好的地区，或采用防虫网封闭式育苗。砧木种子播种前先用50~52℃热水预热5分钟，再在55~56℃热水中浸泡50分钟，接穗用盐酸四环素1 000倍液浸泡2小时，再用清水清洗干净后嫁接。

（3）防治木虱。每次抽发新梢后都要及时喷药防治传播媒介木虱，可选用48%毒死蜱乳油1 000倍液，或用50%辛硫磷乳油800倍液，或用10%吡虫啉可湿性粉剂3 000倍液，或用22%甲氰菊酯+三唑磷乳油1 000倍液等药剂。

（4）及时处理病树。发现病树要及时挖除并烧毁，防止病原传播扩散。

二、柑橘溃疡病

柑橘溃疡病是对柚产业为害严重的细菌性病害，被列为植物检疫对象。大部分柚类品种对溃疡病表现为弱抗性。

【症状】

柑橘溃疡病主要为害叶片、枝梢和果实。叶片发病初期出现黄色或暗黄色油渍状褪绿斑点，后扩大穿透叶肉，病斑隆起，形成近圆形木栓化的灰褐色病斑，病斑中部凹陷呈火山口状开裂，周围有黄色晕环。枝梢发病症状与叶片相似，但病斑隆起开裂更明显、木栓化更严重，而且无黄色晕环。果实发病时病斑呈黑褐色，同样具有中心凹陷龟裂、木栓化症状，出现畸形。发病后叶片变形、脱落，枝梢枯死，果实丧失商品性（图2-5至图2-10）。

【发生规律】

病原为黄单胞菌属柑橘致病变种（*Xanthomonas axonopodis* pv.citri），革兰阴性菌，在发病组织中越冬。春季温暖多雨时，病菌从病斑中溢出菌脓，随风雨、昆虫和人为活动等传播到幼嫩组织上，从气孔、皮孔和机械伤口侵入引发病害。

图2-5　叶片溃疡病

图2-6　叶面、叶背病斑

图2-7　新叶发病严重变形

图2-8　枝条溃疡病

图2-9　果实凹陷龟裂、木栓化病斑　　图2-10　果实病斑扩大连成片

【防治方法】

（1）严格检疫。严禁疫区的苗木、接穗和果实传进新区、非疫区和保护区，疫区应加强栽培管理，并及时喷药防护。

（2）加强栽培管理。适时抹芽放梢，特别要促使夏、秋梢抽发整齐。

（3）药剂防治。溃疡病一般侵染一定发育阶段的幼嫩组织，需在嫩梢、幼果等关键时期进行化学防治，一般在80%春梢自剪时、谢花后15天以及夏、秋梢抽梢7～10天时及时喷药防治，每隔10～20天喷1次，连续3～4次；台风多雨季节、潜叶蛾为害后也是防治溃疡病的关键节点，可选用氢氧化铜、波尔多液等无机铜制剂，或喹啉铜、噻菌铜等有机铜制剂或抗生素等药剂进行防治。

第二节　主要真菌性病害

一、柑橘树脂病

柑橘树脂病（*Diaporthe medusaea* Nitsehke）是柚生产中发

生最普遍、为害最严重的重要病害之一，可为害叶片、枝梢、果实、树干等不同组织器官，严重影响果实外观品质和树势。根据发病部位、症状不同又分为黑点病（沙皮病）、枝枯病和褐色蒂腐病。

【症状】

新梢、幼叶和幼果受害后，病部表面初期产生褪绿针状斑点，后期呈现为许多散生或密集成片的褐色、黑褐色硬胶质小粒点，表面粗糙略隆起，又称沙皮病、黑点病。叶片受害严重时扭曲变形，变为黄色。果实受害散生或密集成片的褐色、黑褐色硬胶质小粒点，严重时产生条带状红褐色突起斑块，形成"黑点型"和"泪痕型"病果，果实外观品质严重下降。

枝干受害表现为流胶和干枯症状。

（1）流胶型。皮层组织松软，有裂纹并渗出褐色胶液，有酒糟味，皮层呈褐色，高温干燥条件下，病部逐渐干枯、下陷，皮层开裂剥落，木质部外露，疤痕四周隆起，严重时导致枝条或全株枯死。

（2）干枯型。病部皮层呈红褐色，干枯略下陷，微有裂缝，不立即剥落，无明显流胶现象，病健组织交界处有明显隆起疤痕，温湿度适宜时也转化为流胶型。

果蒂受害引起贮藏期褐色蒂腐病，表现为果蒂干枯，初期出现水渍状淡褐色病斑，后变为暗褐色，果实病部革质，向脐部扩展，边缘呈波纹状，果心腐烂速度较果皮快，也称"穿心烂"，病部表面有时生长白色菌丝体，并散生黑色小点，为分生孢子器（图2-11至图2-16）。

图2-11　叶片黑点病

图2-12　枝干干枯型树脂病

图2-13　枝干流胶型树脂病

【发生规律】

　　病菌以菌丝体和分生孢子在病部组织内越冬，枯枝和树干组织中的分生孢子是翌年初次侵染的主要来源，分生孢子经风雨、昆虫和鸟类等媒介传播。叶片和果实上病害集中在5—9月发生，梅雨季节（6月中旬到7月中旬）和秋雨季（9月上中旬）发病加重。受冻害、高温日灼或机械伤后易诱发枝干树脂病。

图2-14 果实黑点型病斑

图2-15 果实"泪痕型"病斑

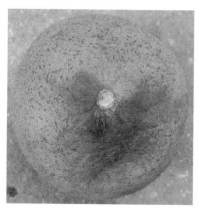

图2-16 果实蒂腐褐色病斑

【防治方法】

（1）冬季清园。结合修剪剪除枯枝病枝，集中烧毁，减少侵染源。

（2）加强栽培管理。果实采收后及时施用有机肥以增强树势，提高抗逆能力。树干涂白，预防冻害和高温日灼；大枝修剪后涂伤口保护剂减轻病菌侵入；防治钻蛀性害虫减少枝干伤口。

（3）药剂防治。春梢萌发期、落花2/3以及幼果期各喷1次药，果实转色前每隔15～20天喷1次药，连喷3～4次，大风雨后也要及时喷药。有效药剂包括铜制剂类杀菌剂，如波尔多液、氢氧化铜等；二硫代氨基甲酸盐类杀菌剂，如代森锰、代森锌、代森锰锌等；甲氧基丙烯酰酯类杀菌剂，如嘧菌酯、醚菌酯和吡唑醚菌酯等。

枝干发病后在春季刮除病斑，并用75%酒精或70%甲基硫菌灵100倍液消毒伤口，再用薄膜包扎保护。果实贮藏前，使用次氯酸钠溶液洗果，然后用杀菌剂和保鲜剂混合液浸果，可以防止贮藏期褐色蒂腐病的发生。

二、柑橘脂点黄斑病

脂点黄斑病（*Mycosphaerella citri* Whiteside）也称脂斑病、黄斑病、腻斑病，柚类受害最为严重。叶片感病导致叶片脱落，树势削弱；果实受害，果皮形成腻斑或黄斑，外观品质严重下降。

【症状】

叶片发病初期在叶背面产生针头状黄绿色小点，后扩大为圆形或不规则形黄色斑块。随着菌丝在叶片组织中生长，细胞膨胀，向叶背突起呈疱疹状淡黄色小粒点，小粒点颜色加深后形成坚硬粗糙的脂点或硬斑。与脂斑对应的叶片正面呈黄色，形状不规则，边缘不明显。随着病情扩展，病斑中央渐变成淡褐色至黑褐色的疱疹状小粒点。果实发病初期出现大小不等的黄色斑块，之后发展为黑褐色腻斑，病斑较大，表面有时龟裂（图2-17、图2-18）。

图2-17　叶片脂点黄斑病

图2-18　果实脂点黄斑病

【发病规律】

病菌以菌丝体在病叶和落叶中过冬，第二年气温回升到20℃以上时子囊壳吸水膨胀释放子囊孢子，借风雨传播。子囊孢子萌发后并不立即侵入叶片，芽管附着在叶片表面伸长发育呈表生菌丝，产生分生孢子后从气孔、皮孔侵入叶片和果实，侵染多发生在6—7月，经2～4个月潜伏期后表现症状。

【防治方法】

（1）加强栽培管理，增强树势，提高果园通风透光条件。

（2）冬季清园。结合修剪，剪除严重发病枝条；抽梢展叶前及时清除地面落叶，减少侵染源。

（3）化学防治。分别于5月中下旬、7月上旬和8月上旬喷药防治。有效药剂包括铜制剂，如0.8%等量式波尔多液，77%氢氧化铜600倍液；甲氧基丙烯酸酯类杀菌剂，如嘧菌酯，醚菌酯，吡唑醚菌酯或吡唑醚菌酯；三唑类杀菌剂，如戊唑醇，丙环唑、苯醚甲环唑和腈菌唑等。喷洒药剂时尽量喷到叶背面，添加0.3%～0.5%矿物油具有增效作用。

三、柑橘拟脂点黄斑病

【症状】

叶片背面出现很多小点，后周围变黄，病斑不断扩展老化，病部隆起，小点可相连成不规则的大小不一的病斑，或稍隆起，黑褐色，病斑对应的叶正面可出现黄斑或无黄斑，受害叶片易脱落（图2-19）。

图2-19　叶片拟脂点黄斑病

【发生规律】

病原物为（*Sporobomyces roseus* Kluyrer et van Nied和*Aureobasidiun palluans* de Bary Armand）。在叶片含铜低且长期无喷布含铜药剂

时发病较重，或连年施用含镁石灰而缺锰时发生较多。与螨类严重为害有一定相关性。

【防治方法】

参照脂点黄斑病的防治，及时防治螨害，可减轻此病。

四、柑橘灰霉病

柑橘灰霉病（*Botrytis cinerea* Pers.）主要为害柚花瓣，也可为害嫩叶、幼果及枝条，引起花腐、枝枯，降低坐果率，为害果实引起贮藏期腐烂。

【症状】

该病为害花瓣先出现褐色小点，病斑逐渐扩大，引起花瓣变褐腐烂，阴雨潮湿时花瓣上布满灰褐色霉层，即病菌的分生孢子梗和分生孢子。受害花瓣不易脱落，黏附在幼果上使幼果腐烂或表皮细胞木栓化，形成脊状隆起或瘤状突起，随着果实膨大，凸起部位逐渐变平坦，成熟时，疤痕处粗糙，微微开裂，稍下陷。小枝受害后枯萎。采后果实受害，产生褐色水渍状腐烂，被害果实布满灰褐色霉层（图2-20至图2-23）。

图2-20 花瓣灰霉病　　　　图2-21 幼果灰霉病

图2-22　果实灰霉病脊状隆起

图2-23　果实膨大后病斑
渐变平坦、下陷

【发病规律】

病菌以菌核及分生孢子在病部和土壤中越冬，由气流传播。影响发病的关键因素是天气，花期天气干燥时，发病轻或不发生，花期低温阴雨时发病严重。

【防治方法】

（1）冬季或早春结合修剪，剪除病枝病叶烧毁。

（2）药剂防治。分别在开花前、开始谢花时和谢花后幼果期喷3次药。有效药剂有：0.5%石灰等量式波尔多液，阿米西达25%悬浮液1 500倍液，80%大生M-45可湿性粉剂600～800倍液，70%品润600倍液，20%速克灵1 500倍液，80%山德生可湿性粉剂600倍液。

五、柑橘疮痂病

柑橘疮痂病（*Sphaceloma fawcettii* Jenkins）是柚类重要病害之一，主要为害幼叶、新梢和幼果等幼嫩组织，对产量和品质影响较大。

【症状】

叶片发病初期出现油渍状黄色小点,后向一面(多为叶背面)突起,对应面凹陷,呈圆锥状或漏斗状。新梢受害症状与叶片类似,木栓化凸起明显。幼果受害时果面产生黄褐色圆锥形瘤状凸起,凸起病斑随果实生长渐趋平坦,形成痂皮状病斑(图2-24至图2-29)。

图2-24 发病初期油渍状黄色小点

图2-25 叶面漏斗状凸起

图2-26 叶背漏斗状凹陷

图2-27 果实疮痂病

图2-28　叶片发病后畸形　　　　　　图2-29　枝梢受害状

【发病规律】

病菌以菌丝体在病部组织越冬，分生孢子借风雨或昆虫传播。疮痂病发生的适宜温度为20～24℃，高于28℃时发病较轻，因此，春梢和幼果期是疮痂病防控的关键时期，尤其是春季连续阴雨天气，疮痂病发病严重，夏秋梢萌发时适逢高温天气，发病较轻。

【防治方法】

（1）实行检疫制度。防止带菌接穗和苗木进入无病园区。

（2）加强栽培管理。剪除病枝病叶，减少病原，保持园内良好的通风透光条件；适时抹芽放梢，促使新梢抽发健壮整齐，及时喷药保护新梢。

（3）药剂防治。重点保护春梢和幼果，春梢萌芽0.5cm和谢花2/3时各喷药1次，15～20天后再喷1次，秋季发病的地区需再喷药保护，有效药剂包括铜制剂类杀菌剂，如0.5%～0.8%等量式波尔多液、77%氢氧化铜600倍液、30%王铜600倍液等；二硫代氨基甲酸盐类，如50%～80%代森锰锌800倍液等；麦角甾醇合成抑制剂类杀菌剂，如腈菌唑、咪鲜胺等；甲氧基丙烯酰酯类杀菌剂，如250g/L嘧菌酯1 000倍液等。

六、柑橘炭疽病

柑橘炭疽病（*Colletrichun gloeosporioides* Penz.）在柚整个生育期及贮藏期均可发病，但采收前果梗发病和贮藏期蒂腐损失最大。

【症状】

成长叶片或老叶受害，在近叶缘处出现叶斑型病斑，呈半圆形或不规则形，稍凹陷，中央浅灰褐色或灰白色，边缘深褐色，病健组织分界明显，病部散生或轮纹状排列黑色小粒点，为病菌的分生孢子盘。雨后高温季节的幼嫩叶片受害，多从叶尖或叶缘开始形成"V"形浅黄褐色病斑，病健组织分界不明显，病叶易脱落。枝梢受害病健交界处有褐色边缘，病部环枝梢1周后枯死，枯死枝梢呈灰白色，其上散生许多小黑点。果实发病主要发生在近成熟或贮藏期，从果蒂或果腰开始发病，初为淡褐色水渍状，后变褐色腐烂（图2-30至图2-33）。

【发病规律】

病菌以菌丝体或分生孢子在病部组织越冬，病枯枝是病菌初感染的主要来源。翌年环境适宜时，分生孢子借风雨或昆虫传播。春梢生长后期开始发病，高温多雨的夏秋梢期发病最多，树势衰弱时容易发病。

图2-30 叶缘形成"V"形浅黄褐色病斑

图2-31 叶片炭疽病
后期症状

图2-32 叶片正、反面病斑

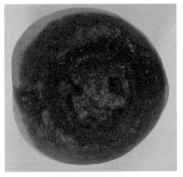

图2-33 果实炭疽病

【防治方法】

（1）加强果园管理。通过深翻改土、增施有机肥、及时排涝抗旱等方法增强树势；清除枯枝、落叶、病果，减少病原。

（2）药剂防治。春、夏、秋梢抽发期都要喷药防治，幼果期、果实膨大期、果实成熟前加喷2～3次，药剂可选择波尔多液、代森锰锌、丙森锌、甲基硫菌灵、咪鲜胺、苯醚甲环唑和溴菌腈等。发病重的果园，采收后可用45%特克多（噻菌灵）悬浮剂500倍液浸果1~2分钟，以防果腐型病害。

七、柑橘煤烟病

煤烟病又称煤污病，柚类生产中发生较为普遍，产生的煤层阻碍叶片光合作用，严重影响植株生长和果实品质。

【症状】

柑橘煤烟病主要发生在叶片、枝梢和果实表面。初期表面生褐色点状小霉斑，后扩大形成绒毛状的黑色霉层，好似黏附一层烟煤，后期霉层上散生许多黑色小点。霉菌一般不侵入寄主，发病严重时菌层较厚容易剥离，剥离后枝、叶表面仍为绿色。发病严重时全株枝叶变为黑色，影响光合作用，叶片脱落，树势衰退，花少果小，品质差（图2-34）。

图2-34　叶片煤烟病

【发病规律】

引起煤烟病的病原菌有30多种，常见的病原菌有刺盾炱属、煤炱属和小煤炱属，除小煤炱属产生吸胞为纯寄生外，其他各属为表面附生菌。病菌以菌丝体、子囊壳或分生孢子器在病部越冬，翌年春天，长出子囊孢子或分生孢子随风传播，多以蚜虫、蚧类、粉虱的分泌物为营养，以5—6月发病最重，种植过密、通风不良或管理粗放的果园发生严重。

【防治方法】

（1）加强栽培管理。合理密植、科学修剪，保持果园良好的通风透光条件。

（2）及时防治蚧类、蚜虫类和粉虱类等害虫。

（3）药剂防治。春季萌芽前和开花期重点防治蚜虫，喷施吡虫啉和代森锰锌混合液，5月中旬开始喷施噻嗪酮或毒死蜱2～3次，每次间隔7～10天，防治蚧壳虫、黑刺粉虱等害虫，7—9月防治白粉虱。

八、柑橘黑斑病

柑橘黑斑病（*Phoma citricarpa* McAlpine）也称黑星病、炭腐病，主要为害果实，在果皮上产生病斑。

【症状】

病斑在7月底到8月初开始出现，果面上初生淡黄色斑点，后扩大为圆形或不规则形黑色病斑，中间稍凹陷，散生黑色小粒点，严重时病斑相互联合形成大病斑（图2-35、图2-36）。

图2-35 果实上圆形黑色病斑　　图2-36 病斑相互联合形成大病斑

【发生规律】

病菌以菌丝体或分生孢子在病斑上越冬，经风雨、昆虫传播。病菌潜伏期长，春季高温多雨、树势衰弱时易于发病，幼果期侵染，7—8月出现症状，9—10月为发病盛期。

【防治方法】

（1）加强栽培管理，提高树体抗病能力。

（2）冬季清园，剪除病害枝叶，集中烧毁，减少病源。

（3）药剂防治。谢花后半月内开始喷药防治，隔半月再喷1次；7—8月视病情再各喷药1次。可选择80%代森锰锌800倍液、40%噻唑锌700倍液、77%氢氧化铜600倍液、30%王铜600倍液、75%百菌清800倍液、80%大生M-45可湿性粉剂600倍液等药剂。

九、柑橘棒孢霉褐斑病

柑橘棒孢霉褐斑病，又名柑橘霉斑病、叶斑病等，因叶片病斑外围有明显黄色晕圈，容易与溃疡病混淆。

【症状】

柑橘棒孢霉褐斑病主要发生在叶片上，也可在春梢枝条和果实上发生。发病初期，叶片散生圆形褐色小点，后逐渐扩大，穿透叶片两面，病斑外围有明显的黄色晕圈，边缘稍突起，深褐色，缘内侧黄褐色至灰褐色，或有霉点，微凹陷，无火山口。叶片上病斑3~5个，多时达10余个。果实上的病斑因扩大可多个相连，褐色，后期病斑表面稍皱缩，凹陷，木栓化，无火山裂口（图2-37、图2-38）。

【发病规律】

病原物为棒孢霉菌*Corynespora citricola* M.B.Ellis。病菌在病组织中以菌丝体或分生孢子梗越冬，有的地区也可以以分生孢子越冬。翌年春季温湿度适宜时产生子实体散发新一代分生孢子，从叶片气孔侵入繁殖，春末夏初和8—9月为发病期。多雨或通风透光不良、低洼积水果园发病严重，大树和老树发病普遍，管理差、树势弱、蚧类和螨类为害严重的果园发病较多。

图2-37　叶片症状　　　　　　图2-38　果实症状

【防治方法】

（1）冬季清园。清理枯枝落叶集中烧毁，以减少病源。

（2）加强栽培管理。合理修剪，保持良好的通风透光条件；加强肥水管理，增强树势。

（3）药剂防治。可喷布0.5%等量式波尔多液预防。发病初期喷施70%甲基托布津可湿性粉剂800倍液，或用80%代森锰锌800倍液，或用50%多菌灵可湿性粉剂1 000倍液或铜制剂，连喷2～3次。

十、柑橘芽枝霉斑病

【症状】

柑橘芽枝霉斑病发病初期叶面散生圆形褐色小点，周围具有明显的黄色晕环，后病斑扩大，边缘深栗褐色至褐色且具釉光，稍隆起，中部黄褐色，微凹，病斑圆形或近圆形，其外围无黄色晕圈，病健部分界明显，是本病与溃疡病和棒孢霉褐斑病的区别。发病严重时，叶片脱落（图2-39）。

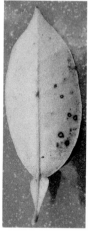

图2-39　叶片芽枝霉斑病

【发病规律】

病原物为芽枝霉属真菌*Cladosporium* sp.。病菌以菌丝在病组织中越冬，翌年4月左右产生分生孢子，借风雨传播，条件适宜时孢子萌发，从气孔侵入，6—7月和9—10月为主要发病期。栽培管理差、郁闭果园发病较重。

【防治方法】

参照柑橘棒孢霉褐斑病防治方法。

十一、柑橘膏药病

【症状】

膏药病在老龄柚园发生较多，主要为害枝干，在枝干表面形成椭圆形或不规则形表面光滑的丝绒状物，紧贴在树干上，但不侵入组织，外观如贴膏药，颜色有白色、灰色和褐色，白色膏药病较多。膏药病发病严重时，病部以上枝条枯死。果实受害，多在果柄和果肩处发生（图2-40、图2-41）。

图2-40　主干膏药病

图2-41　枝条膏药病

【发生规律】

病原物为隔担耳属柑橘白隔担耳*Septobasidium citricolum* Part 等。病菌以菌丝体在病枝上越冬，翌年春夏季节温湿度适宜时，菌丝生长形成子实层。以介壳虫、蚜虫的分泌物为养料，通过气流和介壳虫、蚜虫传播。管理粗放、荫蔽潮湿的果园发生严重。

【防治方法】

（1）通过修剪使果园通风透光，剪除病枝，减少病源。

（2）及时喷药防治蚜虫、介壳虫类等。

（3）用刀片刮除病部菌膜，涂抹1～2波美度的石硫合剂。

十二、柑橘脚腐病

柑橘脚腐病主要为害主干，又称裙腐病，为害树冠下部近地面的果实，引起果实褐腐病。

【症状】

柑橘脚腐病多发生在主干基部，引起根颈部皮层腐烂。发病初期树皮呈水渍状褐色病变，有酒糟味，常渗出褐色胶液。气候干燥时，病斑凹陷、干裂；气候温暖潮湿时，病部不断向纵横扩展，向下蔓延至根系，引起根腐。当病部环绕主干1周时叶片黄化，枝条干枯，甚至整株枯死（图2-42）。

图2-42　根颈部皮层腐烂

【发生规律】

柑橘脚腐病由金黄尖镰孢霉（*Fusarium oxysporum* Schlect. var. *aurantiacum* LK. Wollenw）等多种真菌引起。病菌以菌丝体和卵孢子在发病植株和土壤中的病残体中越冬，翌年气温升高、雨量增多时菌丝扩展蔓延为害健康组织。土壤中的卵孢子萌发形成游动孢子囊和游动孢子，随土壤、水流或雨水飞溅传播，由伤口侵染。土壤黏重、低洼积水、管理粗放的果园发病严重。

【防治方法】

（1）选用抗病砧木，栽植时适当提高嫁接部位，避免栽植过深。

（2）加强栽培管理，开沟排水，避免果园积水。

（3）防治天牛、吉丁虫等钻蛀性害虫，减少伤口。

（4）药剂防治。及时刮除皮层、木质部腐烂变色部分，然后涂抹80%赛得福可湿性粉剂25倍液、1∶1∶10波尔多浆或2%～3%的硫酸铜溶液。

十三、柑橘流胶病

【症状】

柑橘流胶病主要为害主干、大枝，也可在小枝上发生。初发病时，皮层出现红褐色小点，疏松变软，中央开裂，流出露珠状胶液。以后病斑扩大，不定型，病部皮层变褐色，有酒糟味，流胶增多，病斑沿皮层纵横扩展。病树果实小，提前转黄，高温多雨季节发病严重，果园积水、土壤黏重、树冠郁闭的果园发生严重（图2-43）。

图2-43　伤口流胶

【发病规律】

柑橘流胶病由多种病原菌引起，全年均有发生，病组织中越冬的病菌是翌年侵染来源，在有伤口和病原菌存在的情况下，老树、弱树发病重，长期积水、土壤黏重、树冠郁闭的果园发生严重。

【防治方法】

（1）加强栽培管理。开沟排水，改良果园生态条件，树干刷白，夏季防日灼，冬季防冻害。

（2）注意蛀干害虫的防治。

（3）在病部采用"浅刮深刻"的方法，将皮层刮除干净，纵刻病部达木质部，刻道间隔1cm左右，然后用1∶1∶10波尔多浆或2%～3%的硫酸铜溶液或80%代森锰锌等杀菌剂涂抹伤口。

第三节　其他病害

一、地衣

地衣在柚园中比较常见，栽培管理粗放的柚园发生较为严重。

【症状】

地衣主要为害树干、枝条和叶片。常见的有壳状地衣和叶状地衣，壳状地衣紧贴在枝干上，灰绿色，不易剥离。叶状地衣营养体形状似叶片，平铺、扁平、边缘卷曲，有褐色假根，灰白色或淡绿色，容易剥离。地衣为害严重时，树势衰弱，枝条枯死（图2-44、图2-45）。

图2-44　壳状地衣为害　　　　图2-45　叶状地衣为害

【发生规律】

地衣以营养体在枝干、叶片上越冬，翌年春季分裂成碎片的方式进行繁殖，通过风雨传播，晚春和初夏发生较多，炎热高温天气发展缓慢，秋凉时继续生长，冬季停止生长。通风透光不良的郁闭柚园发生严重。

【防治方法】

（1）开沟排水、避免果园积水；合理修剪，保持树冠良好的通风透光条件。

（2）化学防治。冬季清园时用2~3波美度石硫合剂或1∶1∶10波尔多浆涂刷病部，或喷布松碱合剂。

二、附生绿球藻

【症状】

附生绿球藻附生在柚树干、枝条和树冠下部的老叶上，形成一层致密的草绿色粉状物，严重发生时蔓延至中上部叶片，光合作用受到抑制导致树势衰弱、产量下降（图2-46至图2-48）。

图2-46　树干上附生绿球藻

图2-47　叶片上附生绿球藻

图2-48　枝条上附生绿球藻

【发生规律】

病原物为附生绿球藻（*Chlorococcum* sp.）。郁闭果园附生绿球藻发生较多，偏施氮肥、过度施用叶面肥增加附生绿球藻的发生。3—6月和9—10月为附生绿球藻的发生高峰期，随生长季节，藻体逐渐老化，变成灰绿色、灰白色至灰污色。

【防治方法】

（1）合理修剪，改善果园通风透光条件；合理施肥，以有机肥为主，不偏施氮肥，适量使用微肥、叶面肥。

（2）药剂防治。5—8月和冬季清园时喷施80%乙蒜素1 000倍液、50%氯溴异氰尿酸1 500～2 000倍液或1%～5%的醋酸液进行防治。

三、苔藓

【症状】

苔藓为绿色低等植物，以假根吸附于柚枝干上，吸收寄主体内的水分和养分。器官表面最初紧贴一层绿色绒毛状、块状或不规则的表皮寄生物，后逐渐扩大，最终包裹整个树干及枝条，使树体生长不良，树势衰弱（图2-49）。

图2-49　树干上寄生苔藓

【发生规律】

苔藓以营养体在枝干上越冬，以孢子随风传播，适宜温湿环境。管理粗放、树势衰弱、通风透光不良柚园易发生。

【防治方法】

（1）早春清园或苔藓发展蔓延时喷布松碱合剂（清园时用8~10倍液，生长期用12~15倍液）或0.8%~1%等量式波尔多液或1%~1.5%硫酸亚铁溶液。

（2）患部涂抹3~5波美度石硫合剂或10%波尔多液。

（3）结合修剪剪除发病枝条，或在雨后用刀片刮除树干上的苔藓。

第三章
柚主要虫害

第一节 螨 类

螨类是柚生产中常见的重要害虫之一，其中，柑橘全爪螨和柑橘锈瘿螨是两大重要优势种群，柑橘始叶螨种群数量有所增长。开花前后是防治柑橘全爪螨和柑橘始叶螨的重点时期，幼果期和果实膨大期是防治锈瘿螨的主要时期。

一、柑橘全爪螨

柑橘全爪螨（*Panonychus citri* McGregar），又名柑橘红蜘蛛。

【为害症状】

柑橘全爪螨以成螨、若螨和幼螨刺吸叶片、嫩梢和果实汁液，被害处呈现许多灰白色小斑点，无光泽，严重时整个叶片灰白色，引起大量落叶；在果实上多群集在果萼下为害，被害果实灰白色，严重时导致落果，影响树势和产量（图3-1、图3-2）。

图3-1 柑橘全爪螨（红蜘蛛）

图3-2 柑橘全爪螨为害叶片
呈灰白色小斑点

【发生规律】

柑橘全爪螨一年发生12～30代，年平均气温较高的地区发生代数较多，世代重叠，主要以卵和成螨在潜叶蛾为害的僵叶或枝条裂缝处越冬，冬季温暖地区无明显越冬现象。越冬卵在翌年3月左右开始大量孵化，越冬雌成螨在5℃以上时开始产卵，抽生新梢后迁往新叶为害。全爪螨发育和繁殖的适宜温度为20～30℃，4—6月为全爪螨第一个为害高峰期。夏季高温不利于其生存，在枝干裂缝或树冠内部等处越夏。9—11月气温下降后虫口开始回升，为第二个为害高峰期。因此，4—6月和9—11月为全爪螨严重发生期，并且春季发生更为严重。全爪螨具有喜阳光和趋嫩绿习性，在树冠外围中上部、光线充足的部位发生较多。

【防治方法】

（1）做好冬、春季清园工作，春梢萌芽前用0.8～1.0波美度石硫合剂或松脂合剂8～10倍液或99%绿颖矿物油100～200倍液或73%克螨特1 500倍液喷施树冠1～2次，减少越冬虫口基数。

（2）生草栽培以保护捕食螨、食螨捕食类瓢虫、日本方头甲、草蛉等天敌昆虫，可间种藿香蓟、豆科绿肥等做天敌的中间宿主。

（3）春、秋季节严重发生期进行化学防治，可选择24%螨危胶悬剂4 000～6 000倍液或73%克螨特乳油2 000倍液或5%噻螨酮1 200倍液或15%哒螨灵1 500倍液或来福禄（乙螨唑）4 000～5 000倍液或20%四螨嗪胶悬剂1 500倍液等杀螨剂。为避免产生抗药性，杀螨剂应轮换使用。

二、柑橘锈瘿螨

柑橘锈瘿螨（*Phyllocoptruta oleivora* Ashmead），又名柑橘锈壁虱、锈蜘蛛等。

【为害症状】

柑橘锈瘿螨成、若螨以口器刺吸叶片、果实和枝梢表皮细胞汁液。受害处油胞破坏，内含芳香油溢出被氧化使叶背和果皮呈现乌黑色。叶片受害叶背出现黑褐色网状纹，果实受害后果皮粗糙无光泽，变黑褐色，布满龟裂网状细纹，果小僵硬、皮厚味酸，严重影响产量和果实品质（图3-3至图3-5）。

图3-3 柑橘锈瘿螨

图3-4 果实锈瘿螨为害状

图3-5　叶片锈瘿螨为害状

【发生规律】

柑橘锈瘿螨一年发生代数随地区和气候而异，浙江省一年发生20代左右，世代重叠。成螨和若螨均喜阴畏光，多集中在树冠下部、内部叶背、果实下方和背阴处，在叶上以叶背主脉两侧较少，叶面较少。以成螨在枝梢腋芽缝隙和害虫卷叶内越冬，翌年春季气温上升到15℃左右时开始取食为害和产卵，4—5月逐渐向叶片和幼果迁移为害，夏、秋季（6—10月）为防治关键期，高温干旱时为害严重。冬季低温、冰冻地区越冬死亡率高。

【防治方法】

（1）春梢萌芽前用0.8～1.0波美度石硫合剂或松脂合剂8～10倍液或73%克螨特乳油1 500倍液进行清园。

（2）多毛菌是锈瘿螨的重要天敌，锈瘿螨发生严重的果园，在多毛菌流行的多雨季节应减少含铜杀菌剂的使用。

（3）6月以后定期用10倍放大镜检查叶背和果面，虫口密度达到每视野2～3头时及时用药防治，药剂可选用1.8%阿维菌素乳油3 000倍液或15%哒螨灵可湿性粉剂2 000～3 000倍液或73%克螨特乳油2 000～3 000倍液等。

第二节　介壳虫类

介壳虫是柚生长期内常见的主要害虫之一，具有种类多、繁殖快、防治困难等特点，对柚果实生产为害较大，其中，常见种类包括矢尖蚧、吹绵蚧、黑点蚧、糠片蚧、红圆蚧、龟蜡蚧、绿绵蜡蚧和柑橘粉蚧等。大多数蚧壳虫的第一代若虫盛发期在5—6月，此时是进行蚧壳虫化学防治的关键时期。

一、矢尖蚧

矢尖蚧（*Unaspis yanonensis* Kuwana），又名箭头介壳虫、矢尖盾蚧等。

【为害症状】

矢尖蚧以成虫、若虫固定于叶片、果实和嫩梢上刺吸汁液，受害叶片褪绿变黄，严重时叶片干枯卷缩，树势衰弱，甚至死亡，果实被害处呈黄绿色斑，严重影响果实产量和品质。

【发生规律】

矢尖蚧一年发生2～4代，田间世代重叠，以雌成虫和少数幼龄若虫越冬，每年4—5月越冬雌成虫产卵于壳下，卵期很短。若虫共3龄，初孵若虫很分散转移至枝叶和果实上固定取食，分泌蜡质形成介壳。10月气温下降后停止产卵。在田间，1龄若虫分别于5月中旬，7月中旬和9月下旬出现3次高峰，此时为防治关键期。矢尖蚧具有趋阴性，先在树冠下部和内层荫蔽处零星发生，后向树冠上部扩散，交叉郁闭、疏于管理的果园矢尖蚧发生严重（图3-6至图3-10）。

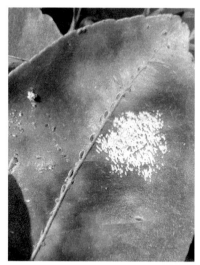

图3-6　矢尖蚧雌蚧和雄蚧（白色）

图3-7　矢尖蚧叶背为害

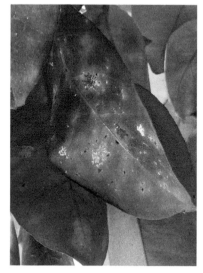

图3-8　矢尖蚧为害叶面褪绿变黄

图3-9　矢尖蚧严重为害时枯叶

图3-10 矢尖蚧为害果实（陈秋夏）

【防治方法】

（1）加强果园管理，清除枯病枝、病果；春梢萌芽前喷布0.8～1波美度石硫合剂或松脂合剂8～10倍液进行清园。

（2）生物防治。注意保护利用捕食类瓢虫类、寄生蜂类等天敌。

（3）化学防治。重点放在第一代1～2龄若虫期。4月中旬起枝梢上出现游动若虫时，应在5天内喷药防治，可选用40%水胺硫磷乳油800～1 000倍液，25%喹硫磷乳油1 200倍液等，形成介壳后可选用40%杀扑磷乳油600～800倍液进行防治。

二、吹绵蚧

吹绵蚧（*Icerya purchasi* Maskell），又名棉团蚧、白橘虱、吐绵蚧等。

【为害症状】

吹绵蚧以若虫和成虫群集在枝干、叶片和果实上吸取汁液为害，受害叶片发黄、枝梢枯死，严重时引起落叶、落果。此外，吹绵蚧还可分泌大量蜜露，易诱发煤烟病，光合作用受到影响导致树势衰退，甚至死亡（图3-11至图3-14）。

图3-11 吹绵蚧成虫

图3-12 若虫在叶背主脉附近取食为害

图3-13 吹绵蚧为害枝梢、叶片

图3-14 吹绵蚧为害易诱发煤烟病
（陈秋夏）

【发生规律】

吹绵蚧一年发生2~4代，发生代数因区域气候而异，各代发生很不整齐。年发生3~4代的地区，以成虫、卵和各龄若虫在主干和枝叶上越冬，年发生2~3代的地区主要以若虫和未带卵囊的雌成虫越冬。卵产于卵囊内，初孵若虫在卵囊内停留一段时间后爬出，分散到叶背主脉两侧固定为害，若虫每次蜕皮后都迁移到另一地方为害，2龄后多分散至枝叶、树干和果梗等处。雌若虫经3龄后变为雌成虫。吹绵蚧各代发生很不整齐，在浙江省第一代卵和若虫的盛发期为5—6月，第二代为8—9月。吹绵蚧适合温暖高湿的气候环境，尤以25~26℃最适宜发生和繁殖。

【防治方法】

（1）1龄若虫盛发期喷药防治，第一代若虫盛发期（5月中旬至6月中旬）进行重点防治。

（2）其余可参考矢尖蚧防治方法。

三、黑点蚧

黑点蚧（*Parlatoria zizyphus* Lucus），又名黑片盾蚧、黑星蚧、方黑点蚧等。

【为害症状】

黑点蚧以成虫和若虫群集在叶片、枝条和果实上为害，叶片受害后褪绿黄化，影响光合作用，受害严重时枝叶枯干，树势衰弱，影响产量和品质（图3-15、图3-16）。

【发生规律】

黑点蚧一年发生3~4代，以卵在雌介壳下越冬。雌成虫寿命较长，并能孤雌生殖，可在较长时间内产卵孵化，在适宜温度下（15℃以上）不断有新的若虫发育生长，造成世代重叠，发生极不整齐。4月下旬第一代初孵若蚧开始为害春梢,初孵若蚧爬行一段时间后固定,然后分泌白色绵状蜡质,5月下旬开始有少数若蚧向果实迁移为害,6—8月在叶片和果实上大量发生为害,7月上旬果实上虫口逐渐增加,8月中旬又转移到夏、秋梢叶片上为害。

图3-15 黑点蚧若虫

图3-16 为害叶片褪绿变黄

【防治方法】

(1)越冬雌成蚧在每叶2头以上时,当年应注意防治,5—8月1龄幼蚧高峰期进行重点防治。

(2)其余可参考矢尖蚧防治方法。

四、糠片蚧

糠片蚧(*Parlatoria pergandii* Comstock),又名灰点蚧等。

【为害症状】

糠片蚧若虫、雌成虫群集固定在叶片、枝条和果实上吸取汁液为害,叶片受害呈淡绿色,枝干上布满灰白色介壳,导致枝枯叶落，果实受害后呈现黄绿色斑点，诱发煤烟病，严重时叶片干枯卷缩，树势衰弱甚至枯死（图3-17）。

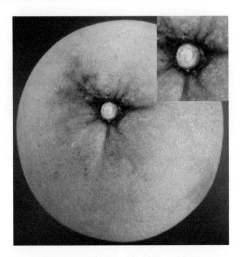

图3-17　果蒂处糠片蚧为害

【发生规律】

糠片蚧一年发生3~4代，主要以雌成虫和卵在枝叶、树干上越冬，靠风雨、苗木运输传播。越冬卵在翌年4月中旬开始孵出幼蚧，爬向春梢枝叶为害。第二代开始向果实上迁移为害，在果实上继续繁殖，使果实表面布满介壳。糠片蚧喜寄生在较为荫蔽的内膛枝叶或有尘土的枝梢上，果实上多寄生于细胞凹陷处或果蒂附近，叶片上灰尘多的叶面多于叶背，且多在中脉附近。雌成蚧周年可以产卵，四季均有幼蚧孵出，在浙江省一年中初孵幼蚧有3个相对高峰期，分别在5月下旬至6月上旬、7月下旬至8月上旬和9月上中旬。

【防治方法】

（1）保护和利用寄生蜂、捕食类瓢虫等天敌。

（2）各代若虫盛发期进行重点防治。药剂参考矢尖蚧防治方法。

五、红圆蚧

红圆蚧（*Aonidiella aurantii* Maskell），又名红圆蹄盾蚧。

【为害症状】

红圆蚧雌成虫、若虫群集在叶片、枝条、果实上吸食汁液，在1~2年生枝条上为害较为普遍，也可寄生在主枝、主干上，导致叶片早落、树势衰弱，果实品质下降（图3-18）。

图3-18　枝叶红圆蚧为害状

【发生规律】

红圆蚧一年发生3~6代，年发生代数因各地气温而异。以雌成虫和若虫在枝叶上越冬。卵期极短，产出后很快孵化，近似卵胎生。初孵若虫在母体下停留一段时间（几小时到2天）后爬出介壳，游动1~2天后固定下来取食为害。若虫固定1~2小时后即开始分泌蜡质形成介壳。初孵若虫可借风力、昆虫和雀鸟等活动传播。

【防治方法】

（1）6月上中旬第一代若虫盛发期进行重点防治。

（2）其余可参考矢尖蚧防治方法。

六、龟蜡蚧

龟蜡蚧（*Ceroplastes floridensis* Comstock），又名日本蜡蚧、枣龟蜡蚧。

【为害症状】

龟蜡蚧若虫和雌成虫常单头或群集在枝梢或叶片上吸取汁液，排泄蜜露诱发煤烟病，严重发生时使枝条枯死，树势衰弱（图3-19）。

图3-19　龟蜡蚧

【发生规律】

龟蜡蚧一年发生1代，受精雌虫主要在1～2年生枝条上越冬。在浙江省4月下旬开始产卵，5月产卵盛期，5月下旬到6月中旬若虫出现，至8月结束，初孵若虫在母体下停留几天后爬出，先在小枝上活动，并爬到叶片上作短暂取食，再游荡寻找固定位置，固定12~24小时后，体背分泌蜡质。雌虫7月上旬开始迁移到新梢上为害，雄虫多寄生在叶片的叶柄和叶脉处。

【防治方法】

（1）加强苗木、接穗、砧木检疫，防止将虫带进新区。

（2）保护和引放天敌。

（3）严重发生时，应及时喷药杀灭。冬季清园至春芽萌发前，选用松脂合剂8~10倍液，或用30%松脂酸钠水剂1 000~1 500倍液，或用95%机油乳剂100~150倍液，或用99%绿颖矿物油100~200倍液；发芽前喷含油量10%的柴油乳剂；嫩芽期或花期、幼果期，游动幼虫未分泌蜡质时喷布有机磷等药剂，如50%马拉硫磷乳油600~800倍液，48%乐斯本乳油1 200~1 500倍液，40%速扑杀（杀扑磷）乳油800~1 000倍液或0.3%印楝素乳油1 000倍液。

七、绿绵蜡蚧

绿绵蜡蚧（*Pulvinaria aurantii* Cockerell）又名龟形绵蚧、黄绿絮蚧壳虫等。

【为害症状】

绿绵蜡蚧若虫、成虫群集在枝条、叶片和果实上吸取汁液，被害植株生长不良，排泄大量蜜露，诱发煤烟病（图3-20、图3-21）。

【发生规律】

浙江省一年发生1代，以第二龄若虫在叶片及枝干上越冬，翌年3月下旬至4月下旬雄虫开始化蛹，4月中旬到5月下旬羽化，雌成虫于4月下旬至5月下旬在腹部分泌白色棉絮卵囊，产卵其中，若虫孵化期在5月中旬，盛孵期在5月下旬。若虫从卵囊内爬出后，四处爬行寻找栖息场所后固定取食。多群集一处吸食树液，遇惊动可迁移别处。其性较喜荫蔽，多发生在郁闭树冠下部和内膛枝叶，常伴随煤烟病发生。

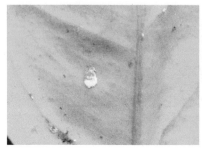
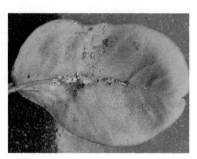

图3-20　有卵囊的绿绵蜡蚧　　图3-21　绿绵蜡蚧为害并诱发煤烟病

【防治方法】

（1）结合冬季修剪，剪除虫枝及清除枯叶落叶并烧毁。

（2）保护自然天敌种群。

（3）药剂防治掌握在若虫孵化期，可选用有机磷类药剂。

八、柑橘粉蚧

柑橘粉蚧（*Planococcus citri* Risso），又名橘粉蚧、紫苏粉蚧、橘臂纹粉蚧等，在我国柚产区广为分布。

【为害症状】

柑橘粉蚧若虫、成虫常群集在叶背、果蒂和枝条凹处或枝叶芽眼处为害，严重时引起落叶、落果，分泌蜜露引发煤烟病（图3-22）。

【发生规律】

柑橘粉蚧主要以雌成虫在树皮缝隙及树洞内越冬。世代受环境温度影响，一般一年发生3~4代，世代重叠，全年均可发生。雌成虫产卵前先固定虫体，逐渐分泌白色絮状蜡质形成卵囊，产卵其中。初孵幼蚧爬行一段时间后固定，多群集在嫩叶主脉两侧及枝梢嫩芽、果柄、果蒂处，每次蜕皮后稍作迁移。荫蔽、潮湿的果园发生较多。

图3-22 柑橘粉蚧成虫

【防治方法】

（1）及时修剪，改善果园通风透光条件。

（2）保护利用圆斑弯叶捕食类瓢虫、孟氏隐唇捕食类瓢虫、豹纹花翅蚜小蜂和粉蚧长索跳小蜂等天敌。

（3）柑橘粉蚧发生严重时，在初孵若虫盛发期进行喷药防治，可选用40.7%乐斯本乳油1 500~2 000倍液、40%速扑杀乳油800~1 000倍液和25%喹硫磷乳油1 200倍液等药剂。

第三节　粉虱类

黑刺粉虱和柑橘粉虱是柚生产中常见的2种粉虱类害虫，主要以若虫聚集在嫩叶背面刺吸汁液为害，排泄物易诱发煤烟病，影响树势和果实品质。

一、黑刺粉虱

黑刺粉虱（*Aleurocanthus spiniferus* Quaintanca），又名橘刺粉虱，是粉虱类发生最为普遍的优势种群。

【为害症状】

黑刺粉虱以若虫群集在叶片背面刺吸汁液，主要为害当年生春梢、夏梢和早秋梢，被害叶片失去光泽、出现黄斑，可排泄蜜露分泌物诱发煤烟病，影响叶片光合作用，导致树势衰弱，严重为害时引发落叶落果，产量和品质下降（图3-23、图3-24）。

图3-23 黑刺粉虱成虫　　　　图3-24 黑刺粉虱为害嫩叶

【发生规律】

黑刺粉虱一年发生3～6代，以若虫在叶背越冬，发生很不整齐，从3月中旬到11月下旬田间各虫态并存，世代重叠。越冬若虫于2月下旬至3月化蛹，3月中旬至4月上旬为羽化盛期，成虫散生或群集在当年春梢嫩叶背面吸食汁液，交尾产卵。卵产于叶背，散产或密集排成圆弧形，40～45天为第一代若虫盛发期。成虫喜在树冠较阴暗的新叶上栖息，有趋嫩性，每代成虫盛发与新梢抽发期一致。初孵若虫浅黄色，扁平长椭圆形，固定后成黑褐色。

【防治方法】

（1）加强果园管理。剪除过密枝叶、病虫枝，改善通风透光条件，做好冬季清园工作。

（2）保护和利用天敌。刺粉虱黑蜂、捕食类瓢虫、草蛉、韦伯虫座孢菌等都是黑刺粉虱的天敌。

（3）药剂防治。越冬成虫初见40～45天，5月上中旬重点防治第一代若虫，此后，各代若虫盛发期应注意防治，第二代若虫盛发期在7月中下旬，第三代若虫盛发期在8月下旬至9月，药剂可选用40%杀扑磷乳油1 000～1 500倍液，40.7%乐斯本（毒死蜱）乳油1 000倍液，50%马拉硫磷乳油或40%辛硫磷乳油1 000倍液，90%晶体敌百虫800倍液等。喷药时以叶片背面为主，每隔10～15天喷1次，连喷2～3次。

二、柑橘粉虱

柑橘粉虱（*Dialeurodes citri* Ashmead），又名白粉虱，在我国柚产区广泛分布。

【为害症状】

柑橘粉虱主要以若虫聚集在叶片背面吸取汁液，也有少量若虫取食果实和嫩枝，受害处形成褪绿黄斑，并且分泌蜜露诱发煤烟病，导致树势衰弱，影响果实产量和品质（图3-25至图3-28）。

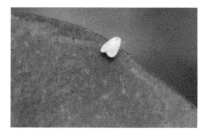

图3-25　柑橘粉虱成虫

图3-26　柑橘粉虱蛹

图3-27　成虫产卵于叶背　　图3-28　柑橘粉虱被粉虱座壳孢寄生

【发生规律】

在我国一般一年发生2～3代，广东省等温暖地区一年发生5～6代，世代重叠，多以老熟若虫或蛹固定在叶片背面越冬。翌年春季羽化为成虫，1～3天交配产卵，产卵期较长，未交尾的成虫可孤雌生殖，后代均为雄性。在浙江省每年发生3～4代，第一代成虫的出现时间为4月，第二代6月，第三代8月。卵产于叶片背面，初孵若虫短距离爬行后固定取食，排泄蜜露。成虫具有趋嫩性，喜在新梢嫩叶背面栖息和产卵，春、夏、秋季嫩梢期均有成虫为害和产卵。柑橘粉虱喜阴，阳光强、气温高时迁入树冠荫蔽处栖息，栽植过密、郁闭果园容易发生。

【防治方法】

参考黑刺粉虱防治方法。

第四节 蚜虫类

柚生产上常见的蚜虫种类有橘蚜、绣线菊蚜、棉蚜和橘二叉蚜等，主要为害春梢和秋梢嫩叶，4—5月和8—9月为防治关键期。

一、橘蚜

橘蚜（*Toxoptera citricidus* Kirkaldy），又名腻虫，是为害柚新梢嫩叶的主要蚜虫，是衰退病的昆虫媒介之一。

【为害症状】

橘蚜若蚜、幼蚜和成蚜群集于嫩梢、嫩叶、花和幼果上吸食汁液，受害新叶皱缩、卷曲，严重时新梢枯死，花蕾、幼果脱落，并能分泌大量蜜露，诱发煤烟病，影响光合作用（图3-29、图3-30）。

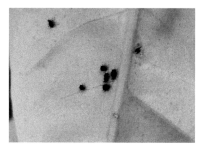

图3-29 成蚜及若蚜

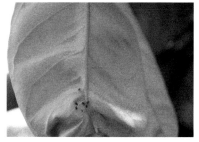

图3-30 橘蚜为害致叶片皱缩

【发生规律】

橘蚜一年发生10～20代，以卵或成虫越冬，3月下旬至4月上旬，越冬卵孵化为无翅若蚜为害春梢嫩叶，若蚜成熟后开始胎生幼蚜，虫口急剧增加，4月上中旬到5月下旬春梢成熟前为第一高峰期。8—9月为害秋梢嫩芽、嫩枝。以春末夏初和秋初天气干旱时繁殖最快，为害最为严重。当环境条件不适宜或枝叶老熟、虫口密度过大时，就会产生有翅蚜，迁飞到其他植株上继续繁殖为害。秋末冬初，有翅雌蚜和雄蚜交配后产卵越冬。

【防治方法】

（1）减少虫源　冬季剪除被害枝梢和有虫、卵的枝梢。尤其剪除受害的晚秋梢，减少越冬虫口基数。

（2）保护和利用捕食类捕食类瓢虫、草蛉、食蚜蝇等天敌。

（3）悬挂黄色黏虫板黏杀有翅蚜。

（4）药剂防治。4—5月和8—9月新梢期进行重点防治，20%嫩梢有无翅蚜为害时喷药防治，可选用10%吡虫啉可湿性粉剂2 000倍液、3%啶虫脒1 000倍液、20%甲氰菊酯乳油3 000倍液、50%辛硫磷乳油1 000倍液、48%毒死蜱乳油1 000倍液等药剂。

二、绣线菊蚜

绣线菊蚜（*Aphis citricola* Van der Goot），又名柑橘绿蚜。

【为害症状】

绣线菊蚜以成虫、若虫群集在幼芽、嫩枝和嫩叶背面吸取汁液，被害新梢节间缩短，叶片向下弯曲卷缩成蔟，使新梢不能正常生长，甚至枯死，并分泌蜜露，诱发煤烟病（图3-31、图3-32）。

【发生规律】

绣线菊蚜全年发生，以卵在寄生枝条裂缝、芽苞附件越冬。4—6月为害春梢并于早夏梢形成高峰，虫口密度6月最大。9—10月形成第二次高峰，为害秋梢和晚秋梢。当叶片老熟、营养条件恶化时，有翅胎生蚜数量逐渐增加，并在园内扩散。春季温暖、干旱时，春梢上发生严重。

图3-31　绣线菊蚜　　　　图3-32　受害叶片向下弯曲卷缩成蔟

【防治方法】

参考橘蚜防治方法。

第五节　其他主要害虫

一、柑橘潜叶蛾

柑橘潜叶蛾（*Phyllocnistis citrella* Stainton）又名画图虫，俗称'鬼画符'，是为害柚幼树、嫩梢的重要害虫。

【为害症状】

柑橘潜叶蛾幼虫为害新梢嫩叶，潜入表皮下取食，边蛀食边排泄，蛀成弯曲虫道，导致叶片卷曲、硬化、提早脱落，树冠生长受阻，是为害夏、秋梢的重要害虫，其伤口极易感染溃疡病。被害卷叶为红蜘蛛、介壳虫等害虫提供越冬场所（图3-33至图3-37）。

图3-33 潜叶蛾幼虫

图3-34 潜叶蛾为害嫩叶

图3-35 潜叶蛾将叶缘反卷化蛹

图3-36 被害叶片成熟后卷曲、硬化

图3-37 叶片伤口感染溃疡病

【发生规律】

柑橘潜叶蛾在浙江省一年发生9～10代，世代重叠，以蛹和少数老熟若虫在叶缘卷曲处越冬。翌年4月下旬越冬蛹羽化为成虫，成虫白天潜伏不动，晚间将卵散产于叶片背面主脉两侧。幼虫孵化后潜入叶片表皮下啮食叶肉，老熟幼虫靠近叶缘后吐丝缀茧，将叶缘反卷成蛹室，在其中化蛹。5月田间出现为害，7—9月为害夏、秋梢，以秋梢受害最为严重，春梢基本不受害。幼树和苗木抽梢多、抽发不整齐的受害严重。

【防治方法】

（1）冬季清园。冬季结合修剪剪除受害严重的枝条，减少虫源。

（2）保护利用寄生蜂、草蛉等潜叶蛾幼虫天敌。

（3）抹芽控梢。促使新梢抽发整齐，抹除夏梢和零星早秋梢，统一放梢后集中喷药防治。

（4）药剂防治。夏、秋梢萌芽0.5cm长时及时喷药防治，每隔7～10天喷1次，连喷2～3次。7—9月进行重点防治，可选用1.8%阿维菌素乳油3 000倍液+50%辛硫磷乳油1 000倍液、10%吡虫啉可湿性粉剂1 500倍液、5%啶虫脒2 000倍液等药剂，拟除虫菊酯类药剂多次使用后易产生抗性。

二、柑橘潜叶跳甲

柑橘潜叶跳甲（*Podagricomela nigricollis* Chen），又名红色叶跳甲，山区柚园发生较为严重。

【为害症状】

幼虫潜叶跳甲取食叶肉，形成弯曲虫道，与潜叶蛾为害症状的显著区别是新鲜虫道中央含有幼虫排泄物形成的一条黑色线条，主要为害春梢和早夏梢，严重为害时叶片枯黄脱落，春梢秃枝。成虫在春梢叶片背面取食叶肉，仅残留叶面表皮（图3-38至图3-43）。

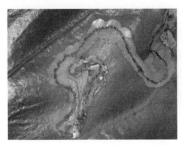
图3-38　柑橘潜叶跳甲幼虫虫道
　　　　内含黑色线

图3-39　柑橘潜叶跳甲幼虫为害状

图3-40　幼虫为害叶片致黄化、脱落

图3-41　柑橘潜叶跳甲成虫

图3-42　柑橘潜叶跳甲成虫为害状

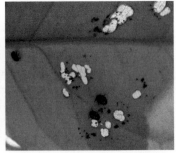
图3-43　成虫为害叶片只残留
　　　　叶面表皮

【发生规律】

柑橘潜叶跳甲一年发生1~2代，以成虫在土壤中、树皮裂缝处、树干上的青苔及地衣下越冬。浙江省一年发生1代，3月下旬至4月上旬越冬成虫开始活动，爬上春梢为害，多产卵于嫩叶叶缘，4月中旬至5月中旬为幼虫为害盛期，5月上中旬化蛹，5—6月为当年羽化成虫为害期，6月气温升高后成虫蛰伏越夏、越冬。成虫有群居习性，善跳跃，有假死性，且有多次交尾习性。

【防治方法】

（1）冬季清园时，清除树干上的地衣、苔藓及园内杂草等成虫越冬场所。

（2）幼虫为害期及时摘除带虫叶片，及时清除被害落叶集中烧毁。

（3）越冬成虫恢复活动期和产卵高峰期期喷药防治，可选用2.5%敌杀死乳油2 000~2 500倍液，20%甲氰菊酯2 000~3 000倍液，或用90%晶体敌百虫或50%马拉硫磷乳油800~1 000倍液等药剂。

三、柑橘蓟马

柑橘蓟马（*Scirtothrips citri* Moulton），又名橘蓟马。

【为害症状】

柑橘蓟马以成虫、若虫刺吸柚嫩梢、嫩叶、花器和幼果汁液。幼果受害后表皮油胞破裂，逐渐失水干缩，呈现不同形状的木栓化银灰色或灰白色的斑痕，尤其喜在幼果果萼四周至果肩处为害，造成圆圈形斑痕。柑橘蓟马为害花瓣后出现黄色斑。嫩叶受害后，叶片变薄，主脉两侧出现灰褐色条斑，不能正常展叶，严重时叶片畸形、扭曲，叶缘硬化（图3-44、图3-45）。

图3-44　柑橘蓟马为害柚花器

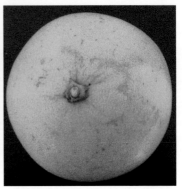

图3-45　柑橘蓟马为害柚果实

【发生规律】

　　柑橘蓟马在气温较高的地区一年可发生7～8代，以1～2代发生较为整齐，以卵在秋梢新叶组织内越冬。翌年3—4月越冬卵孵化为幼虫，在嫩梢、花器和幼果上取食。幼虫老熟后在地面或树皮缝隙中化蛹，成虫以晴天中午活动最盛。成虫将卵产于嫩叶、嫩枝和幼果组织内，每雌虫可产卵25～75粒。其主要为害期为谢花后至幼果膨大期，田间4—10月均可见，但以4—7月为重要为害期。

【防治方法】

　　（1）花期至幼果期加强虫口监测和检查。

　　（2）2龄幼虫是主要取食为害虫态，也是防治重要时期。药剂可选用20%甲氰菊酯乳油或20%氰戊菊酯（速灭杀丁）乳油或10%氯氰菊酯乳油或2.5%溴氰菊酯乳油3 000～4 000倍液，90%晶体敌百虫或50%马拉硫磷乳油或50%杀螟松乳油或鱼藤精1 000倍液。喷药时应注意保护天敌。其他有效药物有噻虫嗪、乙基多杀菌素、甲维盐、唑虫酰胺、虫螨腈、吡丙醚等。

四、褐带长卷叶蛾

褐带长卷叶蛾（*Homona coffearia* Meyrick），又名柑橘长卷叶蛾、咖啡卷叶蛾等。

【为害症状】

褐带长卷叶蛾以幼虫为害柚花器、果实和叶片，幼虫将嫩叶边缘卷曲，以后吐丝缀合嫩叶，藏在其中嚼食叶肉，留下一层表皮，形成透明枯斑，不久表皮破损穿孔。后随虫龄增大，食叶量大增，大幼虫常将2~3张叶片平贴，将叶片食成空洞或缺刻，或将叶片平贴在果实上（图3-46、图3-47）。

图3-46　褐带长卷叶蛾幼虫

图3-47　褐带长卷叶蛾为害叶片

【发生规律】

褐带长卷叶蛾在浙江省一年发生4代，以老熟幼虫在卷叶或杂草内越冬，第一代发生在4—5月，主要为害花蕾、嫩叶和幼果。第二代发生在5—6月，主要为害嫩芽和嫩叶。

【防治方法】

（1）冬季清除杂草、枯枝落叶，剪除带有越冬幼虫和蛹的枝叶，减少虫源；春季结合疏花疏果，摘除卵块、蛹和虫苞，集中烧毁。

（2）成虫盛发期在果园安装黑光灯或频振式杀虫灯诱杀，也可利用糖醋液、性诱剂诱杀成虫。

（3）花期及幼果期及时喷药防治，可选用50%辛硫磷乳油1 000～1 200倍液，1%阿维菌素乳油3 000～4 000倍液，2.5%溴氰菊酯乳剂3 500倍液等药剂。

五、星天牛

星天牛（*Anoplophora chinensis*），又名抱脚虫、花牯牛等。

【为害症状】

星天牛以幼虫在近地面处蛀食柚树干和大根，造成主干基部皮层坏死剥离，幼虫在木质部内长期蛀食，蛀道曲折，被害植株逐渐衰弱，严重时整株死亡（图3-48、图3-49）。

图3-48　星天牛成虫

图3-49　幼虫为害排出
粪便和木屑

【发生规律】

星天牛一年发生1代，以幼虫在树干基部或主根木质部蛀道内越冬。翌年4月下旬开始出现成虫，5—6月为羽化盛期，6月中旬后逐渐减少，田间8月仍可见少数成虫。成虫羽化后从羽化孔爬出，飞向树冠枝梢，啃食细枝皮层或咬食叶片，晴天上午和傍晚活动、交尾产卵。卵多产于树干离地面5cm的范围内，产卵于皮层下，每处产卵1粒，产卵痕"L"或"⊥"形，产卵处表面湿润，有白色泡沫状黏物流出。初孵幼虫一般从近根茎部位蛀入，在皮下蛀食，所排泄的粪便填塞于皮下，皮下蛀食2~3个月后，转入木质部蛀食，并向蛀入口推出白色粪便和木屑，受害植株生长不良，枯黄落叶，严重时整株枯死。

【防治方法】

（1）成虫羽化盛期，晴天中午进行人工捕杀。

（2）树干涂白，成虫产卵前用生石灰5kg、硫黄0.5kg、水20kg、盐0.25kg，调成灰浆涂刷树干和基部，可减少成虫产卵。

（3）刮杀虫卵和低龄幼虫，6—8月发现树干基部有产卵伤口或白色泡沫状物堆积时，用利刀刮杀卵粒或低龄幼虫。

（4）钩杀、毒杀幼虫，春秋季发现树干基部有新鲜虫粪时，用粗铁丝顺着虫道清除虫粪钩杀幼虫，后用脱脂棉球蘸80%敌敌畏乳油5~10倍液塞入蛀孔内，然后用湿泥土封堵孔口，熏蒸毒杀幼虫。

六、柑橘花蕾蛆

柑橘花蕾蛆（*Gontarinic citri* Barnes），又名橘蕾瘿蚊、花蛆，俗称"灯笼花"。

【为害症状】

柑橘花蕾蛆主要为害柚花蕾。花蕾露白时，成虫产卵管从花蕾顶端插入将卵产在花蕾中，幼虫孵出后在花蕾内蛀食，导致花蕾膨大、变短，呈灯笼状，被害花蕾呈浅黄白色圆球形，花瓣多有绿点，不能正常开花结果，最终脱落（图3-50至图3-52）。

图3-50　花蕾蛆为害花器　　　　图3-51　花蕾蛆幼虫

图3-52　花蕾蛆为害后的"灯笼花"

【发生规律】

柑橘花蕾蛆一年发生1代，少数地区和年份可发生2代，以老熟幼虫在树冠下3～6cm土层中结茧越冬。翌年春季越冬幼虫开始活动，脱出老茧向土表移动，并再结新茧化蛹，成虫羽化出土。羽化后的成虫暂无飞行能力，在地面爬行，寻找杂草等潜伏，早、晚活动和产卵，卵期3～4天。幼虫孵化后在花蕾内为害，幼虫老熟后随被害花蕾枯黄破裂而陆续爬出，弹跳落地，钻入土中，或随被害花蕾落地后爬出花蕾钻入土中，分泌黏液，做成土茧越夏、越冬。阴雨天气有利于幼虫入土和成虫出土。

【防治方法】

（1）3月下旬，花蕾露白前1周左右地面喷药1~2次，可选用50%辛硫磷1 000~2 000倍液或90%晶体敌百虫500倍液等药剂。

（2）成虫上树后大量产卵前进行树冠喷药或地面撒药。

（3）开花期及时摘除受害花蕾，集中烧毁。

七、灰象虫

灰象虫（*Sympiezomia citre Chao*），又名柑橘灰象、长鼻虫等。

【为害症状】

灰象虫成虫咬食柚春梢新叶造成缺刻或空洞，也咬食幼果，造成果面凹陷缺刻或在果面留下疤痕，严重为害时导致落果（图3-53至图3-55）。

图3-53 柑橘灰象虫

图3-54 灰象虫雄成虫较雌性小

图3-55 灰象虫为害叶片造成缺刻

【发生规律】

灰象虫一年发生1代，以成虫在土壤中越冬。翌年3月底至4月中旬出土，成虫出土后沿树干或下垂枝条爬上树冠，在春梢叶片上咬食、交尾产卵。4月中旬至5月上旬是为害高峰期，叶片老熟后转害幼果。5月为产卵盛期，5月中下旬为幼虫孵化盛期。幼虫孵化后落地入土，取食植物细根和腐殖质，老熟幼虫在土中筑蛹室化蛹。

【防治方法】

（1）冬季结合施肥，将树冠下土层深翻15cm，破坏土室。

（2）利用其假死性，摇树捕杀。

（3）3月底至4月初成虫出土时，地面喷洒50%辛硫磷乳油200倍液，触杀土表爬行成虫；树冠喷布50%辛硫磷乳油1 000～1 500倍液杀灭上树成虫。

八、铜绿金龟子

铜绿金龟子（*Anomala corpulenta* Motschulsky），又名铜克郎，在我国柚产区均有分布。

【为害症状】

铜绿金龟子幼虫（蛴螬）是重要的地下害虫，咬食萌发的种子、幼茎和细根，导致缺苗断垄、植株衰弱，成虫咬食新梢叶片、花器，导致叶片残缺，花器脱落（图3-56）。

【发生规律】

铜绿金龟子一年发生1代，以3龄幼虫越冬。翌年春季回暖后，幼虫从土中上升，继续取食根系，后在土中筑室化蛹。6月上旬成虫开始羽化出土，6—7月为为害盛期，有强趋光性和假死性，成虫6月中旬开始产卵，卵产在有机质较丰富的疏松土壤中，或杂草堆肥、厩肥中。7月中下旬孵出幼虫，10月上中旬幼虫入土越冬。

图3-56 铜绿金龟子咬食新梢

【防治方法】

（1）成虫发生盛期，利用其假死性进行捕捉，也可用频振杀虫灯诱杀。

（2）严重发生的果园，每亩用1kg 5%辛硫磷颗粒撒施于地面，翻入土中，杀死幼虫，也可用90%晶体敌百虫800倍液或50%辛硫磷乳油或40%水胺硫磷乳油800倍液或48%乐斯本乳油1 000倍液喷布树冠。

九、柑橘凤蝶

柑橘凤蝶（*Papilio xuthus* Linnaeus），在我国柚产区均有分布。

【为害症状】

柑橘凤蝶以幼虫为害新梢、叶片，造成叶片残缺不全，苗木和幼树受害严重（图3-57）。

图3-57　柑橘凤蝶低龄幼虫

【发生规律】

柑橘凤蝶1年发生3~5代，以蛹在枝梢、叶片上越冬，翌年5月中上旬羽化为成虫。在浙江省各代成虫的发生期分别在5—6月、7—8月、9—10月。成虫白天活动，卵多产在嫩叶近叶缘处。幼虫孵出后咬食嫩叶，随着虫龄增大，食量增加，新叶吃光或只留叶脉，幼虫老熟后多在隐蔽处吐丝在胸腹间环绕成带，缠在枝干等物体上化蛹越冬。

【防治方法】

（1）冬季清除越冬蛹，新梢期人工摘除卵和捕杀幼虫。

（2）注意保护赤眼蜂和凤蝶蛹金小蜂等天敌。

（3）低龄幼虫期喷90%晶体敌百虫800~1 000倍液，10%氯氰菊酯2 000~4 000倍液，48%乐斯本乳油1 200~1 500倍液，50%辛硫磷乳油1 000~1 200倍液等杀虫剂。

第四章

营养失调

第一节　主要缺素症

柚果园土壤过酸、过碱或施肥、施药不合理容易导致缺素症状，其中，缺镁、缺硼症状最为常见，缺锌、缺锰、缺铁等缺素症状偶有发生，元素缺乏导致叶片黄化、树势衰弱、抗性差、坐果率低、产量和品质下降。

一、缺镁

【症状】

缺镁主要发生在老叶上，特别是结果枝条上的老叶片发病更普遍。叶片沿叶脉两侧发生不规则黄色斑块，渐向叶缘扩展，叶脉间呈现肋骨状黄化，中脉和叶片基部呈现三角形绿色，或在叶尖处呈现倒"V"形绿色，秋末大量落叶，严重落叶枝条常在次年春天枯死（图4-1至图4-6）。

图4-1　叶片中脉和基部三角形绿色

图4-2　叶尖倒'V'形绿色

图4-3　肋骨状黄化

图4-4　结果枝条叶片缺镁黄化

图4-5　老叶缺镁

图4-6　缺镁落叶

【发生原因】

土壤中镁含量较低，或酸性土壤和沙质土壤镁流失，使土壤中的代换性镁含量降低；钾或磷肥使用过多影响镁的吸收；长期使用化肥使土壤偏酸。

【矫治方法】

（1）6—7月果实膨大期喷施1%硝酸镁或1%硫酸镁或0.5%氧化镁等叶面肥2～3次，间隔10～15天。

（2）冬季施用有机肥时混合适量镁肥。酸性土壤每年施用钙镁磷肥或钙镁肥，用量约50kg/亩，或施用氢氧化镁或氧化镁，用量约10kg/亩，微酸性土壤可选用硫酸镁。

二、缺硼

【症状】

缺硼时幼叶出现黄色不定型水渍状斑点，叶片扭曲；成叶和老叶暗淡黄化，无光泽，叶尖向后卷曲，叶肉较厚，叶脉木栓化，严重时开裂，叶肉有暗褐色斑点；花畸形，柱头外漏；幼果僵硬发黑、易脱落（图4-7至图4-10）。

图4-7 幼叶扭曲，花畸形、柱头外露

图4-8 老叶黄化、叶尖向后卷曲

图4-9　叶脉木栓化、开裂 　　　　图4-10　叶肉暗褐色斑点

【发生原因】

土壤中硼含量较低或酸性土壤中可溶性硼流失；碱性土壤或过量施用石灰或土壤干旱，硼被固定而难于溶解；施肥不合理，偏施化肥，土壤中磷酸盐浓度过高，钾肥施用过多，影响根系对硼的吸收利用。

【矫治方法】

（1）蕾期、谢花2/3时喷施0.1%～0.2%的硼砂或硼酸溶液。

（2）施用有机肥时混合适量硼砂，大树硼砂用量50～100g/株。

三、缺锰

【症状】

缺锰时新梢叶片大小、形状正常，主、侧脉及其附近叶肉绿色至深绿色，叶脉间失绿，病叶冬季脱落（图4-11）。

【发生原因】

酸性土壤有效锰流失；碱性土壤中锰以不溶态存在，不易被吸收；过多施用氮肥或土壤中铜、锌、硼过多，影响锰的吸收利用。

图4-11　叶脉深绿色、叶脉间失绿缺锰症状

【矫治方法】

（1）酸性土壤缺锰时可与有机肥混合施用硫酸锰。

（2）碱性土、石灰性土和中性土缺锰时，叶面喷施0.3%硫酸锰水溶液或施用缓释型锰肥。

（3）喷布有机螯合锰。

第二节　肥　害

一、缩二脲中毒

【症状】

长期单独使用尿素或叶面喷施尿素浓度过高时容易引起缩二脲中毒，症状主要表现为叶尖黄化、花叶现象，而且老叶和新叶均表现症状，导致叶片光合作用降低、容易衰老脱落（图4-12、图4-13）。

图4-12　缩二脲中毒导致叶尖黄化　　图4-13　缩二脲中毒导致花叶

【预防方法】

不可长期单独使用尿素，可与其他肥料配合使用，而且尿素使用浓度不能过高，叶面喷施时浓度为0.2%～0.3%，也不能使用缩二脲含量较高的肥料。

第五章
柚主要生理性病害

第一节　裂　果

　　裂果是柚果实发育过程中重要的生理病害，多发生于果实膨大期和近成熟期。柚裂果主要分为外裂和内裂2种类型，外裂是从果顶开始沿果实纵向由外向内开裂，开裂果实裂口较大，丧失商品性。内裂是果实囊瓣在腹线处开裂，主要是种子败育后果皮、囊瓣、中心柱生长不协调导致。内裂果实外观表现正常，但囊瓣开裂后靠近中心柱的汁胞容易枯水粒化，导致果实风味不足、汁胞干硬、贮藏性能下降。

一、果实外裂

【发生原因】

　　柚果实外裂与品种特性、砧木、内源激素、矿质元素营养状态和水分供应等多种因素有关。在柚类品种中，文旦柚系比沙田柚系统的品种裂果严重，无核品种比有核品种裂果严重，果实扁圆形品种比长圆形或梨形品种裂果严重。柚果实外裂主要发生在果实膨大期久旱骤雨之后，果肉迅速膨大，果皮不能相应地生长而胀裂（图5-1、图5-2）。

图5-1　玉环柚果实外裂

图5-2　琯溪蜜柚果实外裂

【预防方法】

（1）加强栽培管理。果园深耕改土，主施有机肥，以增加土壤有机质含量，提高土壤肥力，促进根系生长，增强树体抗逆能力，同时，提高土壤保水性能，避免土壤水分剧烈变化，减少裂果发生；合理施用氮、磷、钾、钙肥，适当增加钾肥用量，控制氮肥用量，壮果期土施硫酸钾或喷施磷酸二氢钾，增加果实含钾量，同时，补充硼、钙肥，增加果皮强度，减少裂果发生。

（2）树盘覆盖。树冠地面覆盖杂草绿肥，减少土壤水分蒸发；提倡生草栽培，改善和调节土壤含水量；果实膨大期均衡供应水分和养分。

（3）应用植物生长调节剂。裂果发生期，树冠喷施适宜浓度的赤霉素或细胞分裂素，可减少裂果发生。

二、果实内裂

【发生原因】

柚果实发育过程中果肉和果皮生长不同步进行，前期以果皮发育为主，玉环柚在7月中旬果皮厚度达到最大，此时果肉仅占总体积的3%~5%，之后果肉发育加快，果皮被压缩变薄，9月下旬果实纵向生长基本停止，而横向继续扩大导致中心柱开裂。度尾蜜柚7月下旬开始从果实中轴开裂，8月中旬至9月上旬果实内裂最多。永嘉早香柚果实裂瓣在8月中旬及其后1个月内发生并结束。柚果实内裂主要发生于8月中旬至9月上旬，果实横向生长拉力是中心柱开裂的直接原因（图5-3）。

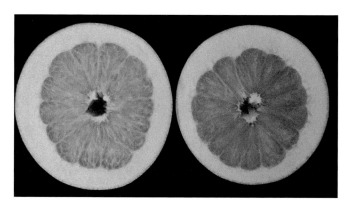

图5-3　柚中心柱开裂

【预防方法】

（1）加强栽培管理。选择中心柱充实、不易内裂的品种。

（2）异花授粉。异花授粉是减轻柚果实内裂的有效措施，异花授粉产生的大量种子排列在中心柱周围，能够保护中心柱并缓冲汁胞发育所产生的膨压，从而降低果实内裂率。

第二节　枯水粒化

枯水粒化是柚果实在生长后期、成熟期和采后贮藏期常见的生理病害，受害果实外观表现完好，内部汁胞异常膨大、少汁、变硬，汁胞粒化后细胞中纤维素、半纤维素和木质素含量显著增加，可溶性糖、有机酸以及胞汁含量在果肉和果皮之间发生不同程度的下降或转移，食用品质严重下降。

【发生原因】

柚果实汁胞粒化是个极其复杂的过程，与品种、砧木、营养水平、内源激素和栽培条件等多种因素有关。柑橘果实枯水粒化的原因具有多种假设，如果皮二次生长假说、营养过度消耗假说、果胶酶诱导假说、果实衰老假说等，近年来的研究表明，木质素沉积是柑橘果实汁胞粒化的主要原因（图5-4、图5-5）。

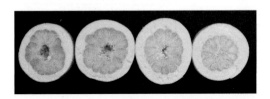

图5-4　柚果实不同程度枯水粒化

图5-5　粒化汁胞异常膨大、少汁、变硬（左为正常汁胞，右为粒化汁胞）

【预防方法】

（1）加强栽培管理，包括增施有机肥，改良土壤，增强树势。

（2）保持均衡的水分供应，秋季适当灌溉。

（3）适时采收，适当提早采收可延长贮藏期。

第六章

自然灾害

柚类生产中常遭遇各种自然灾害，受灾较轻时，树体生长受到影响，造成减产，受灾严重时导致树体死亡。生产中应加强栽培管理，提高树体抗逆性，灾害发生后要及时采取树体恢复措施，降低灾害损失。

一、冻害

柚适宜在年平均温度在17～23℃，冬季极端低温-3℃以上的地区栽植。在柚次适宜生长区，当0℃以下低温持续时间较长时，柚容易发生冻害。

【症状】

受低温强度以及低温持续时间的影响，冻害程度可分为轻微冻害、中度冻害和重度冻害。轻微冻害症状为叶片卷曲、少量落叶和少量枝梢枯萎；中度冻害树大部分叶片脱落或落光，部分枝组及2～3年生侧枝冻死；重度冻害树大枝或主枝冻死、皮层破裂，甚至全株死亡（图6-1、图6-2）。

图6-1　四季柚冻害　　　　　　图6-2　早香柚冻害

【预防及补救措施】

（1）在适宜生长区，选择抗寒性较强的品种；山区种植时应避免在北坡、北风口、高山顶、山谷等处种植。

（2）加强栽培管理，提高树体抗寒能力。采果后深翻改土，增施有机肥，配施磷钾肥和少量微肥，促进树体恢复，增强抗寒能力；通过抹芽和摘心促进秋梢整齐抽发与壮熟，抹除晚秋梢，提高抗寒能力。

（3）根据冻害程度及时采取灾后补救措施。轻微冻害树应及时清除枯萎叶片，剪除冻伤、冻死枝梢，春季适当提早施肥加快树体复壮；中度冻害树应采用大枝修剪技术进行树冠改造，春季施用速效性肥料促进抽发新梢，春、夏梢生长期喷施数次叶面肥，加快树冠复壮，争取次年恢复结果；重度冻害树采用露骨更新技术锯掉枯死枝干，涂抹波尔多液或石硫合剂等伤口保护剂，春、夏梢生长期喷施叶面肥，幼树受冻严重时可及时挖除进行补种。

加强病虫害防治，冻害后树势较弱，易感染树脂病和炭疽病，春芽萌发前喷施0.8%波尔多液等药剂进行防治，受冻树体重剪后萌发大量嫩枝叶，已引发食叶性害虫为害，如红蜘蛛、潜叶蛾等，应注意防治。另外，受冻树重剪后枝叶量少、枝干裸露，极易遭受日灼，应对裸露枝干进行涂白。

二、日灼

【症状】

柚果实向阳面受高温和强烈阳光照射导致果皮组织灼伤，出现蜡黄色斑，病部果皮停止生长且粗糙硬化，果实成熟时表现为深褐色枯死硬斑，果实畸形。受害较轻时灼伤部位只限于果皮，受害严重时伤及果肉时，囊瓣汁胞干缩、粒化，汁少味淡，品质低劣。气候干燥、日照强烈时发生严重。一般于7月开始出现，8—9月发生较多，西向坡地果园和幼年结果树发生严重。高温干旱时施用农药会加重日灼发生（图6-3、图6-4）。

 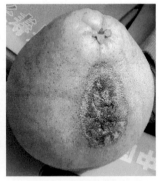

图6-3 日灼果初期蜡黄色斑　　图6-4 日灼果后期枯死硬斑

【预防方法】

（1）合理修剪，使树冠枝梢均匀发布，以免果实受烈日照射。

（2）幼龄结果树生理落果后，适当放抽晚夏梢，遮挡果实，减少日灼发生。

（3）高温季节避免使用石硫合剂、硫黄胶悬剂、机油乳剂等药剂，避免在中午阳光强烈时喷药。

（4）果实套袋可避免日灼。

三、台风

【症状】

台风是沿海地区影响柚类生产的主要风害，造成叶片、果实吹落，果皮、新梢、嫩叶损伤，枝干折断，甚至连根拔起。台风伴随暴雨造成果园积水和土壤流失，同时，还加剧溃疡病、炭疽病等病害的发生（图6-5、图6-6）。

图6-5　台风导致落果

图6-6　果皮擦伤

【预防方法】

（1）营造防护林，减缓风速，改善果园小气候。

（2）结合施用有机肥深翻改土，减少肥料撒施，促进根系向深处生长，提高抗逆能力。

（3）台风暴雨后，及时排除园内积水，扶正树体，清理落叶落果和折断树枝，喷施杀菌剂防治病害发生，并补充营养类叶面肥促进树体恢复。

第七章
药 害

　　柚生产中防治病虫害时喷布农药、促花保果时使用植物生长调节剂、喷布除草剂等化学物质时，使用不当产生的伤害称为药害。

【发生原因及症状】

　　药剂使用浓度不当、不同农药随意混用、喷药时期不当或喷药天气不适合等原因均可导致药害。药害主要表现为叶片皱缩、畸形或出现斑点、斑疤，果面出现斑疤或果实变形等（图7-1、图7-2）。

图7-1　除草剂使用不当

图7-2　赤霉素使用不当导致畸形果

【预防方法】

（1）掌握病虫害发生规律，达到防治指标时适时对症用药。

（2）合理混用农药，不能随意加大使用浓度。

（3）避免在日照强烈的中午时段喷布药剂；雨后雨水未干时不能使用波尔多液或铜剂类药剂。

参考文献

蔡明段，彭成绩. 2020. 新编柑橘病虫害诊断与防治图鉴[M]. 广州：广东科技出版社.

蔡明段，易干军，彭成绩. 2011. 柑橘病虫害原色图谱[M]. 北京：中国农业出版社.

陈杰. 2017. 砂糖橘高效栽培[M]. 北京：机械工业出版社.

陈巍，郭秀珠，黄品湖，等. 2013. 四季柚生育期叶片和果实中矿质元素含量变化的研究[J]. 植物营养与肥料学报，19（3）：664-669.

邓秀新，彭抒昂. 2013. 柑橘学[M]. 北京：中国农业出版社.

郭秀珠，陈巍，金爱菊，等. 2011. 永嘉早香柚树体营养年变化与平衡施肥技术效应[J]. 农业科技通讯（1）：78-810.

郭秀珠，黄品湖，林绍生，等. 2016. 中微量叶面营养在红肉蜜柚上的应用[J]. 农业科技通讯（12）：140-145.

郭秀珠，林观周，黄品湖，等. 2014. 提高四季柚产量和品质的配套技术[J]. 浙江农业科学（10）：1 550-1 552.

吕佩珂，苏慧兰，高振江. 2014. 柑橘橙柚病虫害防治原色图鉴[M]. 北京：化学工业出版社.

倪海枝，陈方永，林绍生，等. 2013. 不同花粉授粉对玉环柚品质及裂果的影响[J]. 中国南方果树（42）6：34-37.

夏声广，唐启义. 2006. 柑橘病虫害防治原色生态图谱[M]. 北京：中国农业出版社.

徐建国，石学根. 2018. 黄岩柑橘[M]. 北京：中国农业出版社.

周开隆，叶荫民. 2010. 中国果树志柑橘卷[M]. 北京：中国林业出版社.